Edward Beltrami

# Von Krebsen und Kriminellen

Edward Beltrami

# Von Krebsen und Kriminellen

Mathematische Modelle in Biologie
und Soziologie

Aus dem Amerikanischen übersetzt
von Wolfgang Schwarz

Mit 46 Bildern

vieweg

Die Deutsche Bibliothek – CIP-Einheitsaufnahme

**Beltrami, Edward:**
Von Krebsen und Kriminellen: mathematische Modelle
in Biologie und Soziologie / Edward Beltrami. Aus dem
Amerikan. übers. von Wolfgang Schwarz. – Braunschweig;
Wiesbaden: Vieweg, 1993
    Einheitssacht.: Mathematical models in the social and
    biological sciences ⟨dt.⟩
    ISBN 3-528-06514-1


Dieses Buch ist die deutsche Ausgabe von
Edward Beltrami: Mathematical Models in the Social and Biological Sciences
Original English Language Edition published by Jones and Bartlett Publishers, Inc.
Copyright 1993
All rights reserved


Übersetzung: Wolfgang Schwarz


Alle Rechte vorbehalten
© Friedr. Vieweg & Sohn Verlagsgesellschaft mbH, Braunschweig/Wiesbaden, 1993

Der Verlag Vieweg ist ein Unternehmen der Verlagsgruppe Bertelsmann International.

Umschlaggestaltung: Schrimpf und Partner, Wiesbaden
Druck und buchbinderische Verarbeitung: Langelüddecke, Braunschweig
Gedruckt auf säurefreiem Papier
Printed in Germany


ISBN 3-528-06514-1

# Vorwort

Vor dreißig Jahren traf ein kleines Bändchen von John Kemeny und Laury Snell – „Mathematische Modelle in den Sozialwissenschaften" – den Geschmack vieler Leser, weil es neue Anwendungen der Mathematik außerhalb von Physik und Technik bot. Dieses Buch ist schon lange nicht mehr erhältlich und erstaunlicherweise ist nichts Vergleichbares in der Zwischenzeit erschienen, um die Lücke zu schließen.

Das Büchlein, das Sie gerade lesen, ist ein neuer Text auf nicht zu hohem Niveau, der einige neuere Anwendungen mathematischer Methoden auf faszinierende Fragen der Sozialwissenschaften und der Biologie vorführt. Wir benutzen dabei Material aus der Forschungsliteratur, das authentische, aber leicht nachvollziehbare Anwendungen mathematischer Ideen beschreibt, von Matrixalgebra und Markoffketten bis zu höherer Wahrscheinlichkeitstheorie und Differentialgleichungen. Die meisten Kapitel sind nicht-akademisch, weil sie auf üblichen Erfahrungen beruhen und mögliche Auswirkungen beschreiben. Obwohl ein Teil des Materials eher anekdotisch und spekulativ ist, ist der Rest aufgebaut auf harter empirischer Schlußweise. Einige Male zitiere ich relevante Artikel aus Tageszeitungen, um dem Leser den Kontakt zu Fragen des täglichen Lebens vorzuführen.

Mathematische Modellierung ist ein Organisationsprinzip, mit dem man ein großes und oft genug verwirrendes Feld von Tatsachen in knapper Weise überblicken kann. Ein gutes Modell ist eine nützliche Metapher, die einen Teil der zugrundeliegenden Dynamik offenlegt. Damit man Einblick in einen komplexen Prozeß gewinnen kann, ist es wichtig, daß das Modell einfach und transparent, vielleicht sogar ein bißchen eine Karikatur ist. Die Modelle, die ich für dieses Buch ausgewählt habe, besitzen alle diese Qualität.

Die ersten drei Kapitel beschäftigen sich mit Problemen aus der Verhaltensforschung und den Sozialwissenschaften. Das Phänomen der sozialen Mobilität beherrscht das erste Kapitel, während die folgenden zwei sich mit dem Ausgleich von Gleichbehandlung und Effektivität in der Regierung sowie mit der Versorgung mit öffentlichen Diensten beschäftigen. Das vierte und fünfte Kapitel konzentriert sich auf ökonomische und epidemologische Modelle, wo Wettbewerb und Verbreitung eine wichtige Rolle spielen. Die Sozialwissenschaften kommen auch hier ins Spiel, wenn ich Überlegungen zur Wechselwirkung zwischen Ökonomie und der Ausbeutung von natürlichen Ressourcen anstelle. Diese Überlegungen tauchen wieder im letzten Kapitel auf, das sich mit der Idee des Wettbewerbs von einem anderen Standpunkt aus befaßt.

Die notwendige Vorbildung umfaßt ungefähr eine übliche Vorlesung in Höherer Mathematik, also ein bißchen Matrixtheorie, etwas Differentialrechnung in mehreren Variablen, eine kurze Einführung in Differentialgleichungen und eine Einführung in die Wahrscheinlichkeitsrechnung.

Ich habe jedem Kapitel einen Abschnitt beigefügt, der die zum Verständnis des restlichen des Kapitels notwendigen Teile der Mathematik beschreibt (außer dem zweiten, wo die Rechentechniken eher üblich sind). Diese Übersichten sind zugegebenermaßen kurz und mancher Dozent wird, je nach Vorbildung der Studenten, unsere Ausführungen erweitern wollen. Ich habe über diesen Stoff einsemestrige Vorlesungen in Stony Brook gehalten und dabei herausgefunden, daß der einzige größere Brocken die Differentialgleichungen waren. Deshalb wählt das vierte Kapitel eine einfachere Darstellung als die, die ich in der Vorlesung gab; jetzt werden nurmehr anschaulich unmittelbar einsichtige geometrische Ideen verwandt, die durch auf einem PC berechnete Computergraphiken unterstützt werden. Trotz oder gerade wegen dieser Einfachheit der Mittel werden die Studenten zum Kern von einigen ziemlich anspruchsvollen Modellen geführt.

Viele frühere und jetzige Kollegen in Stony Brook haben die Entwicklung dieses Buches durch ihre Arbeit an der Grenze zwischen Mathematik und anderen Fachrichtungen beeinflußt. Besonders möchte ich Akira Okubo vom Meereskundlichen Forschungszentrum und Ivan Chase vom Soziologischen Institut für ihre wertvollen Kommentare und Hinweise danken.

# Inhaltsverzeichnis

**1 Krebse und Kriminelle** **1**
1.1 Hintergrund . . . . . . . . . . . . . . . . . . . . . . 1
1.2 Absorbierende Markoffketten . . . . . . . . . . . . . 4
1.3 Soziale Mobilität . . . . . . . . . . . . . . . . . . . . 12
1.4 Rückfällige . . . . . . . . . . . . . . . . . . . . . . . 17
1.5 Übungen . . . . . . . . . . . . . . . . . . . . . . . . 21
1.6 Weiterführende Literatur . . . . . . . . . . . . . . . . 26

**2 Abgeordnetensitze und: Wer sammelt den ganzen Müll ein? 27**
2.1 Hintergrund . . . . . . . . . . . . . . . . . . . . . . 27
2.2 Arbeitspläne . . . . . . . . . . . . . . . . . . . . . . 30
2.3 Gerechte Verteilung . . . . . . . . . . . . . . . . . . 39
2.4 Streckenpläne . . . . . . . . . . . . . . . . . . . . . 45
2.5 Übungen . . . . . . . . . . . . . . . . . . . . . . . . 51
2.6 Weiterführende Literatur . . . . . . . . . . . . . . . . 54

**3 . . . und währenddessen brennt die Stadt** **56**
3.1 Einleitung . . . . . . . . . . . . . . . . . . . . . . . 56
3.2 Poissonprozesse . . . . . . . . . . . . . . . . . . . . 58
3.3 Das inverse Wurzelgesetz . . . . . . . . . . . . . . . 65
3.4 Optimaler Einsatz von Feuerwehreinheiten . . . . . . . 72
3.5 Übungen . . . . . . . . . . . . . . . . . . . . . . . . 77
3.6 Weiterführende Literatur . . . . . . . . . . . . . . . . 81

**4 Masern und Sardinen** **84**
4.1 Hintergrund . . . . . . . . . . . . . . . . . . . . . . 84
4.2 Gleichgewicht und Stabilität . . . . . . . . . . . . . . 86
4.3 Marktdynamik . . . . . . . . . . . . . . . . . . . . . 98
4.4 Ein Katastrophenmodell des Fischfangs . . . . . . . . . 103

4.5  Masern-Epidemien . . . . . . . . . . . . . . . . . . . . . 112
4.6  Übungen . . . . . . . . . . . . . . . . . . . . . . . . . 120
4.7  Weiterführende Literatur . . . . . . . . . . . . . . . . . 124

**5  Algenblüte, Umweltverschmutzung und Eichhörnchen     126**
5.1  Hintergrund . . . . . . . . . . . . . . . . . . . . . . . 126
5.2  Diffusion . . . . . . . . . . . . . . . . . . . . . . . . 128
5.3  Die rote Tide . . . . . . . . . . . . . . . . . . . . . . 133
5.4  Rote Tide II . . . . . . . . . . . . . . . . . . . . . . . 137
5.5  Ausbreitung von Verschmutzungen . . . . . . . . . . . 142
5.6  Die Verbreitung des grauen Eichhörnchens . . . . . . . 148
5.7  Übungen . . . . . . . . . . . . . . . . . . . . . . . . . 157
5.8  Weiterführende Literatur . . . . . . . . . . . . . . . . . 161

**6  Es ist alles nur ein Spiel     163**
6.1  Ein Lemma aus der Variationsrechnung . . . . . . . . . 164
6.2  Versteck spielen . . . . . . . . . . . . . . . . . . . . . 167
6.3  Eine Fischerei mit beschränktem Zugang . . . . . . . . 171
6.4  Ein Kommentar . . . . . . . . . . . . . . . . . . . . . . 178
6.5  Übungen . . . . . . . . . . . . . . . . . . . . . . . . . 179
6.6  Weiterführende Literatur . . . . . . . . . . . . . . . . . 183

**A  Bedingte Wahrscheinlichkeit und bedingte Erwartungswerte 184**

**B  Lineare Differentialgleichungen zweiter Ordnung     188**

**C  Vektorfunktionen     191**

**Literaturverzeichnis     194**

**Sachwortverzeichnis     197**

# Kapitel 1
# Krebse und Kriminelle

## 1.1 Hintergrund

Eine Hand greift in das ruhige Wasser der flachen Lagune und setzt vorsichtig ein Schneckenhaus auf den Sandboden. Wir beobachten. Kurz darauf hastet ein kleiner Einsiedlerkrebs aus einem nahegelegenen Schneckenhaus und nimmt das größere, das wir gerade ins Wasser gesetzt haben, in Besitz. Dies löst eine Kettenreaktion aus, ein anderer Krebs verläßt seine alte Behausung und siedelt um in das jetzt leere Haus des vorigen Besitzers. Weitere Krebse machen dasselbe, bis schließlich ein kaum bewohnbares Schneckenhaus von seinem Bewohner für einen besseren Unterschlupf aufgegeben wird und leer bleibt.

Eines Tages beschließt der Präsident eines Unternehmens, in Ruhestand zu gehen. Nach einigem Hin und Her innerhalb des Unternehmens wird einer der Vizepräsidenten an die Spitze gesetzt. Dies hinterläßt einen leeren Stuhl, der nach einer Zeitspanne von einigen Wochen von einem anderen Angestellten eingenommen wird, dessen Position nun von jemand anderem aus der Firmenhirarchie eingenommen wird. Nach einigen Monaten wird die letzte der freigewordenen Positionen mit einer anderen verschmolzen, die bereits besetzt ist.

Ein nettes Landhäuschen wird von einem Immobilienmakler angeboten, weil der Besitzer gestorben ist und seine Witwe beschließt, in ein Altersheim zu ziehen. Ein aufstrebender junger Geschäftsmann kauft es und zieht mit seiner Familie aus seiner Eigentumswohnung aus, nachdem er sie an ein anderes Pärchen mit mittlerem Einkommen verkauft hat. Dieses Paar verkaufte sein kleines Häuschen in einer alles andere als wünschenswerten Gegend an einen unternehmungslustigen Freund, der einige notwendige Reparaturen ausführen will und es dann vermietet.

Was haben diese Beispiele gemein? In allen Fällen ergibt eine einzige Leerstelle eine Kette von Möglichkeiten, die verschiedene Individuen betreffen. Eine Leerstelle erzeugt weitere, während Individuen die soziale Leiter aufsteigen. Eine stillschweigende Voraussetzung dabei ist, daß alle Individuen eine Ressource (Schneckenhäuser, Wohnungen oder Jobs) brauchen oder wollen, die irgendwie besser (neuer, größer oder von höherem Status) ist oder zumindest nicht schlechter als diejenige ist, die sie gerade besitzen. Es gibt eine begrenzte Anzahl von solchen Ressourcen und eine große Anzahl von Bewerbern. Während die Ressourcen vom Prestigeobjekt zum Allgemeinplatz absteigen, steigen die Individuen in umgekehrter Richtung die soziale Leiter hinauf, um die neu entstandene Leerstelle in der Hirarchie auszufüllen.

Eine Kette beginnt, wenn ein Individuum stirbt oder sich zur Ruhe setzt, wenn eine Wohngelegenheit neu gebaut oder eine neue Stelle geschaffen wird. Unsere Voraussetzung ist, daß unsere Ressource wiederverwendbar ist, wenn sie verfügbar wird, und daß die Abfolge von Leerstellen endet, wenn eine Einheit verschmolzen, zerstört oder abgeschafft wird oder wenn ein neues Individuum von außen in das System eintritt. Ein Beispiel dafür ist, wenn ein klappriges Schneckenhaus von seinem Bewohner verlassen wird und kein anderer Krebs in der Lagune es beansprucht oder falls ein weniger erfolgreicher Einsiedlerkrebs, der gerade noch kein Schneckenhaus zum Schutz für seinen empfindlichen Körper hat, sich begierig das letzte Haus schnappt.

Ein mathematisches Modell für Bewegungen in einer Kette von Leerstellen wird im nächsten Abschnitt formuliert, welches auf Eigenschaften aufbaut, die alle beschriebenen Beispiele gemeinsam haben. Die erste Eigenschaft ist, daß die Ressource zu einer kleinen Anzahl von Kategorien gehört, die wir als Zustände bezeichnen wollen und, zweitens, daß die Übergänge immer dann stattfinden, wenn eine Leerstelle erzeugt wird. Die Krebse gewinnen schützende Schneckenhäuser, die vorher von Schnecken besetzt waren, welche aber jetzt tot sind und diese Schneckenhäuser gibt es in verschiedenen Größenklassen. Das sind die Zustände. Analog gibt es Häuser in verschiedenen Preis/Prestige-Kategorien, während Positionen in einem Unternehmen in verschiedene Gehalts/Prestige-Klassen eingeteilt werden können.

Wir wollen nun eine scheinbar andere Situtation betrachten. Ein Verbrechen wurde begangen, der Täter verhaftet und vor Gericht gebracht und zu einer Gefängnisstrafe verurteilt. Einige Straftaten werden nicht aufgeklärt und von den verhafteten Kriminellen kommen nur wenige ins Gefängnis; die meisten kommen auf Bewährung frei oder die Strafe wird ausgesetzt. Falls ein Straftäter inhaftiert wird oder nach der Strafe freigelassen wird, oder falls er sogar gar nicht geschnappt wurde, ist es ziemlich wahrscheinlich, daß er wieder straffällig wird. Was dies mit den Mobilitäts-Beispielen von vorher gemeinsam hat, ist der Übergang zwischen Zuständen. In diesem Fall sind die „Zustände" der Status eines Straffälligen als jemand, der gerade ein Verbrechen begangen hat, der gerade verhaftet wurde, der gerade verurteilt wurde, oder schließlich als einer, der den „geraden Weg" geht, also nie wieder ein Verbrechen begeht. Auch das ist eine Art von sozialer Mobilität und wir werden sehen, daß sie in dasselbe mathematische Gerüst paßt wie die anderen Beispiele.

Ein Problem bei Modellen für soziale Mobilität ist, Daten über die Übergangshäufigkeit zwischen Zuständen zu bekommen. Falls beispielsweise der Preis den Zustand einer Behausung beschreibt, dann stellt sich die Frage, welches Preisintervall einen einzelnen Zustand beschreibt. Offenkundig ist die Kategorie von Behausungen umso homogener, je enger wir das Preisintervall wählen. Auf der anderen Seite bedingt diese Homogenität eine große Anzahl von Zuständen, die die Datenermittlung zur Abschätzung der Bewegungen zwischen den Zuständen nur erschwert.

Wir nehmen das Krebsbeispiel, weil es eine neue und gut dokumentierte Studie ist, die als Parabel für größer angelegte soziologische Modelle in Verbindung mit Behausung und Arbeit dient. Es ist nicht überfrachtet mit technischen Randbedingungen, die sich in den anderen Gebieten häufen, so verkomplizieren z. B. Rassenfragen Veränderungen auf dem Wohnungs- und Arbeitsmarkt. Indem wir die Strafjustiz drastisch vereinfachen, sind wir in der Lage, einige wichtige Fragen aufzuzeigen, die die Abfolge von Veränderungen von „Karrierekriminellen" mit denen der Krebse auf dem sandigen Meeresboden gemein hat. Diese Beispiele werden in den Abschnitten 1.3 und 1.4 diskutiert.

## 1.2 Absorbierende Markoffketten

Wir begannen dieses Kapitel mit der Beschreibung von Zuständen, die verschiedene Kategorien beschreiben, wie der Status eines Straffälligen in der Strafjustiz oder die Größe der Schneckenhäuser in der Lagune. Unsere Aufgabe wird nun sein, diese Ideen mathematisch zu formulieren.

Das Verhalten einzelner Krebse oder Krimineller ist größtenteils nicht vorhersagbar, damit beobachten wir ihr kollektives Verhalten, indem wir viele Fälle des Schneckenhaus-Wechsels bzw. vieler Kriminalfälle in öffentliche Archiven zu Rate ziehen.

Angenommen, es gebe $N$ Zustände und $P_{i,j}$ bezeichne den beobachteten Anteil der Bewegungen von einem vorgegebenen Zustand $i$ zu allen anderen Zuständen $j$. Verfolgt man eine große Anzahl von einzelnen Bewegungen, dann beschreibt $P_{i,j}$ die Übergangswahrscheinlichkeit von $i$ nach $j$. Das ist tatsächlich nichts anderes als die übliche empirische Definition der Wahrscheinlichkeit als die Häufigkeit, mit der ein bestimmtes Ereignis auftritt. Die $N \times N$-Matrix $P$ mit den Elementen $P_{i,j}$ heißt *Übergangsmatrix*.

Als Beispiel nehme man ein Teilchen, das sich entlang der natürlichen Zahlen $1, 2, \ldots, N$ bewegen kann, indem es pro Zeiteinheit entweder um einen Schritt nach rechts oder nach links hüpft. Wenn sich das Teilchen bei der Zahl $i$ befindet, springt es nach $i + 1$ mit der Wahrscheinlichkeit $p$ und mit der Wahrscheinlichkeit $q$ nach $i - 1$ mit $p + q = 1$, außer wenn $i$ gleich 1 oder $N$ ist. An diesen Endpunkten bleibt das Teilchen gefangen. Daraus folgt, daß die Übergangswahrscheinlichkeiten gegeben sind durch

$$P_{i,i+1} = p \qquad \text{und } P_{i,i-1} = q \qquad \text{für } 2 \le i \le N - 1$$
$$P_{1,1} = P_{N,N} = 1 \text{ und } \quad P_{i,j} = 0 \qquad \text{für alle anderen } j \,.$$

Die Menge von Übergängen an Zuständen $i$ nach $j$ heißt Zufallsbewegung mit absorbierenden Grenzen und ist für den Fall $N = 5$ schematisch in Bild 1.1 dargestellt.

Eine Markoffkette (nach dem Russischen Mathematiker A. Markoff) ist definiert als Zufallsprozeß bestehend aus einer Folge von Bewegungen zwischen $N$ Zuständen, so daß die Wahrscheinlichkeit eines

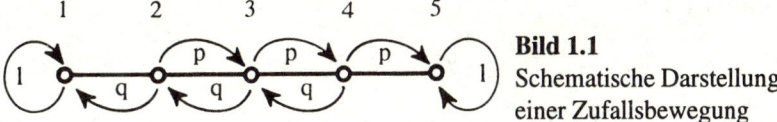

**Bild 1.1**
Schematische Darstellung
einer Zufallsbewegung

Übergangs zum Zustand $j$ im nächsten Schritt nur vom jetzigen Zustand $i$ abhängt und nicht von den vorhergegangenen Schritten. Darüber hinaus hängt die Übergangswahrscheinlichkeit auch nicht davon ab, wann der Prozeß beobachtet wird. Das Beispiel der Zufallsbewegung ist eine Markoff-Kette, da die Entscheidung, entweder nach rechts oder nach links zu gehen, unabhängig ist davon, wie das Teilchen nach $i$ kam, und die Wahrscheinlichkeiten $p$ und $q$ dieselben bleiben, egal wann der Übergang stattfindet.

Wir wollen dies in mathematische Begriffe kleiden. Falls $X_n$ eine Zufallsvariable ist, die den Zustand des Systems beim $n$-ten Schritt beschreibt, dann ist $p(X_{n+1} = j | X_n = i)$, was soviel bedeutet wie „die bedingte Wahrscheinlichkeit, daß $X_{n+1} = j$ unter der Voraussetzung, daß $X_n = i$ ist", eindeutig durch $P_{i,j}$ gegeben ist. Demnach ist eine Bewegung von $i$ nach $j$ statistisch unabhängig von allen Sprüngen, die nach $i$ führten und ebenfalls unabhängig von dem Schritt, mit dem wir in unserer Beobachtung weiterspringen. Trivalerweise ist $_{i,j} > 0$ und die Elemente der $i$-ten Reihe der Matrix $P$ addieren sich zu Eins auf, da ein Sprung vom Zustand $i$ in einen anderen immer stattfindet (falls man die Möglichkeit, in $i$ zu bleiben, mit einbezieht).

$$\sum_{j=1}^{p} P_{i,j} = 1 \qquad 1 \leq i \leq N$$

In welchem Maße diese Bedingungen für eine Markoffkette von Krebsen oder Kriminellen erfüllt sind, wird später besprochen. Unsere Aufgabe soll jetzt sein, die für die Behandlung von Modellen der sozialen Beweglichkeit notwendigen mathematischen Grundlagen vorzustellen.

Sei $P^{(n)}$ die Matrix $P_{i,j}^{(n)}$ für die Wahrscheinlichkeit, in genau $n$ Sprüngen vom Zustand $i$ in den Zustand $j$ zu gelangen. Dies ist im Ansatz verschieden vom $n$-fachen Produkt $P^n = P \cdot P \cdots P$. Trotzdem sind beide gleich:

**Lemma 1.1**

$$P^n = P^{(n)}$$

*Beweis:* Sei $n = 2$. Eine Bewegung von $i$ nach $j$ in genau zwei Schritten muß über einen Zwischenzustand $k$ gehen. Da Übergänge von $i$ nach $k$ und dann von $k$ nach $j$ unabhängige Ereignisse sind (wegen der Definition einer Markoffkette), ist die Wahrscheinlichkeit, von $i$ nach $j$ über $k$ zu gehen, das Produkt $P_{i,j}P_{k,j}$ (s. Bild 1.2). Es gibt insgesamt $N$

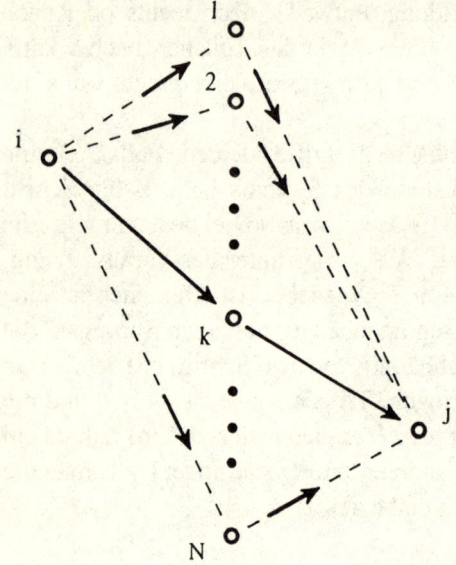

**Bild 1.2**
Prozeß in zwei Schritten zwischen Zuständen $i$ und $j$ über einen Zwischenzustand $k$

unabhängige Ereignisse, je eines für einen Zwischenzustand $k$, damit

$$P_{i,j}^{(2)} = \sum_{k=1}^{N} P_{i,k}P_{k,j} \, ,$$

worin wir das $(i, j)$-Element der Produktmatrix $P^2$ erkennen. Wir gehen nun per vollständige Induktion zum allgemeinen Fall über. Angenommen, das Lemma ist richtig für $n - 1$. Dann folgt mit einem analogen Argument wie oben, daß

$$P_{i,j}^{(n)} = \sum_{k=1}^{N} P_{i,k} P_{k,j}^{(n-1)} \, ,$$

was genau das $(i, j)$-Element von $P^2$ ist. □

Ein Zustand $i$ heißt *absorbierend*, falls es unmöglich ist, ihn zu verlassen, das heißt, daß $P_{i,i} = 1$. Im Beispiel der Zufallsbewegung sind die Zustände 1 und $N$ absorbierend.

Man sagt, daß zwei nicht-absorbierende Zustände *kommunizieren*, falls die Wahrscheinlichkeit, in einer endlichen Zahl von Schritten vom einen Zustand aus den anderen zu erreichen, positiv ist. Schließlich ist eine *absorbierende Markoffkette* eine solche, in der die ersten $s$ Zustände absorbierend sind, die restlichen $N - s$ nicht-absorbierenden Zustände alle miteinander kommunizieren und die Wahrscheinlichkeit, jeden Zustand $i < s$ von jedem $i' > s$ aus in endlich vielen Schritten zu erreichen, positiv ist.

Üblicherweise wird die Übergangsmatrix einer absorbierenden Kette in der folgenden Blockform geschrieben:

$$P = \left( \begin{array}{c|c} I & 0 \\ \hline R & Q \end{array} \right) \, , \tag{1.1}$$

wobei $I$ die $s \times s$-Einheitsmatrix ist, die den festen Postitionen der $s$ absorbierenden Zuständen entspricht, $Q$ eine $(N - s) \times (N - s)$-Matrix, die den Bewegungen zwischen den nicht-absorbierenden Zuständen entspricht. $R$ gehört zu den Übergängen von den transienten zu den absorbierenden Zuständen. Als Beispiel kann für die Zufallsbewegung mit absorbierenden Rändern und $N = 5$ Zuständen (Bild 1.1) die Übergangsmatrix wie folgt geschrieben werden:

$$P = \left( \begin{array}{cc|ccc} 1 & 0 & 0 & 0 & 0 \\ 0 & 1 & 0 & 0 & 0 \\ \hline q & 0 & 0 & p & 0 \\ 0 & 0 & q & 0 & p \\ 0 & p & 0 & q & 0 \end{array} \right) \, .$$

Sei $f_i$ die Wahrscheinlichkeit, daß man in einer endlichen Anzahl von Schritten wieder im Zustand $i$ anlangt, unter der Voraussetzung, daß der Vorgang hier begonnen hat. Das nennt man manchmal auch die *Wiederkehrwahrscheinlichkeit*. Wir nennen den Zustand $i$ *wiederkehrend* oder *transient*, je nachdem, ob $f_i = 1$ oder $f_i < 1$ ist. Die absorbierenden Zustände in einer absorbierenden Kette sind natürlich wiederkehrend und alle anderen sind transient.

Die Anzahl, wie oft man zum Zustand $i$ zurückkehrt (einschließlich des ursprünglichen Aufenthalts in $i$), bezeichnet man mit $N_i$. Das ist eine Zufallsvariable, die die Werte $1, 2, \ldots$ annimmt. Die Defintion einer Markoffkette garantiert, daß jede Wiederkehr zum Zustand $i$ unabhängig von vorhergehenden Aufenthalten ist, und damit ist die Wahrscheinlichkeit von genau $m$ Wiederkehren

$$p(N_i = m) = f_i^{m-1}(1 - f_i) \,. \qquad (1.2)$$

Die rechte Seite von Gleichung 1.2 ist bekannt als die *geometrische Verteilung* und beschreibt die Wahrscheinlichkeit für einen ersten Erfolg genau beim $m$-ten Versuch in einer Serie von unabhängigen BernoulliExperimenten. In unserem Fall meint „Erfolg", daß man auf keinen Fall in einer endlichen Anzahl von Schritten nach $i$ zurückkommt. Die hervorstechenden Eigenschaften der geometrischen Verteilung werden in den meisten einführenden Büchern zur Wahrscheinlichkeitstheorie diskutiert und werden auch in Übung 1.5.1 zusammengestellt.

Die Wahrscheinlichkeit dafür, daß der Zustand $i$ nur endlich oft erreicht wird, bekommt man durch Summation über die disjunkten Ereignisse $N_i = m$

$$
\begin{aligned}
p(N_i < \infty) &= \sum_{m=1}^{\infty} p(N_i = m) \\
&= \sum_{m=1}^{\infty} f_i^{m-1}(1 - f_i) = \begin{cases} 0 \text{ falls } i \text{ wiederkehrend ist} \\ 1 \text{ falls } i \text{ transient ist} \end{cases}.
\end{aligned}
$$

Somit wird mit Wahrscheinlichkeit 1 ein transienter Zustand nur endlich oft erreicht.

Bei der Betrachtung von Markoffketten ist die wichtigste Frage, was auf Dauer passiert, wenn die Anzahl der Übergänge zunimmt. Das nächste Resultat beantwortet dies für eine absorbierende Kette.

**Lemma 1.2** *Die Wahrscheinlichkeit für eine endgültige Absorption in einer absorbierenden Markoffkette ist gleich Eins.*

*Beweis:* Jeder transiente Zustand kann nur endlich oft erreicht werden, wie wir soeben gesehen haben. Somit wird der Prozeß nach einer genügend großen Zahl von Schritten in einem absorbierenden Zustand gefangen. □

Die Untermatrix $Q$ in (1.1) spielt im folgenden eine große Rolle. Wir beginnen damit, indem wir eine wichtige Eigenschaft von $Q$ feststellen:

**Satz 1.1** *Die Matrix $I - Q$ besitzt eine Inverse.*

*Beweis:* Nach Lemma 1.1 gibt die Potenz $Q^n$ die Wahrscheinlichkeit für einen Übergang in genau $n$ Schritten von einem transienten Zustand $i > s$ in einen anderen transienten Zustand $j > s$ an. Nach Lemma 1.2 muß $Q^n$ gegen Null streben für $n \to \infty$.

Sei nun $u$ ein Eigenvektor von $Q$ zum Eigenwert $\lambda$. Damit ist $Q^n = \lambda^n u$. Weil aber $u$ fest ist, streben die Vektoren $Q^n u$ gegen Null, wenn $n$ größer wird, woraus folgt, daß $\lambda^n$ ebenfalls gegen Null strebt. Damit ist $|\lambda| < 1$. Somit ist 1 niemals Eigenwert, mit anderen Worten, die Determinante von $I - Q$ ist ungleich Null. Das ist aber äquivalent zur Invertierbarkeit von $I - Q$. □

Wir wollen nun die Matrix $(I - Q)^{-1}$ betrachten. Unsere Argumente mögen etwas abstrakt erscheinen, sie sind aber nur eine Anwendung der bedingten Wahrscheinlichkeit. Eine Zusammenfassung der relevanten Ergebnisse findet sich in Anhang A.

Sei $T_{i,j}$ die durchschnittliche Anzahl, wie oft der Prozeß im transienten Zustand $j$ ankommt unter der Voraussetzung, daß er in einem transienten Zustand $i$ startete. Wenn $j$ von $i$ verschieden ist, dann bestimmt man $T_{i,j}$, indem man einen bedingten Erwartungswert berechnet mit ähnlicher Begründung wie in Lemma 1.1. Dazu stelle man sich vor, daß der Übergang von $i$ nach $j$ über einen Zwischenzustand $k$ geht. Unter der Voraussetzung, daß der Prozeß im ersten Schritt nach $k$ springt (mit Wahrscheinlichkeit $P_{i,k}$), ist die durchschnittliche Anzahl von Besuchen von $k$ aus bei $j$ gerade $T_{k,j}$. Der (unbedingte) Erwartungswert ist somit $P_{i,k}T_{k,j}$ und wir müssen diese Terme aufsummieren, da sie unabhängige Ereignisse sind (Bild 1.3):

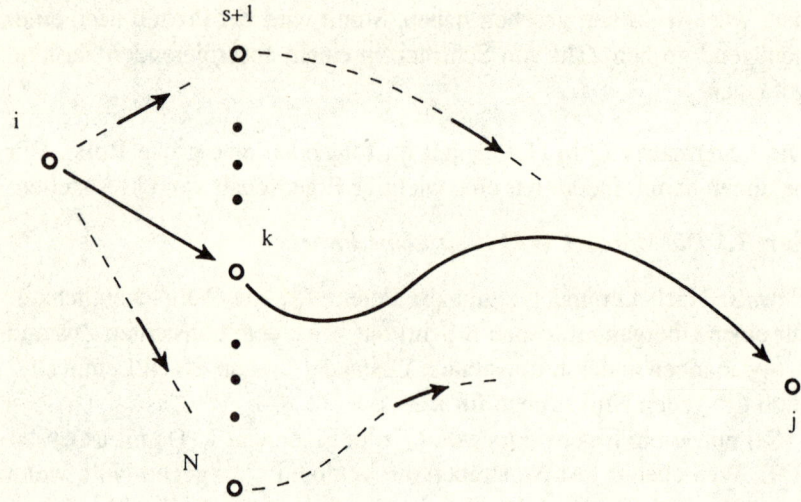

**Bild 1.3** Übergänge aus einem Zustand $i$ zu einem Zustand $j$ über einen Zwischenzustand $k$ im ersten Schritt

$$T_{i,j} = P_{i,s+1}T_{s+1,j} + \cdots + P_{i,N}T_{N,j} \, .$$

Für das Ereignis mit $i = j$ wird der Wert von $T_{i,i}$ einfach um Eins erhöht, da der Prozeß in demjenigen Zustand bleibt, mit dem man begonnen hat. Somit gilt für alle Zustände $i$ und $j$, für die $s < i, j \leq N$:

$$T_{i,j} = \delta_{i,j} + \sum_{k=s+1}^{N} P_{i,k}T_{k,i} \, . \tag{1.3}$$

Dabei ist $\delta_{i,j}$ gleich Eins, falls $i = j$, ansonsten Null. Mit Matrizen kann Gleichung 1.3 geschrieben werden als $T = I + QT$, wobei $T$ die $(N - s) \times (N - s)$-Matrix mit den Einträgen $T_{i,j}$ ist. Damit ist aber $T = (I - Q)^{-1}$.

Sei $T_i$ eine Zustandsvariable, die die Anzahl von Schritten vor der Absorption angibt, wenn man im Zustand $i$ startet. Der Erwartungswert von $t_i$ ist

$$E(T_i) = \sum_{j=s+1}^{N} T_{i,j} \, , \qquad (1.4)$$

das ist also die $i$-te Komponente des Vektors $Tc$ mit

$$c = \begin{pmatrix} 1 \\ 1 \\ \vdots \\ 1 \end{pmatrix}$$

und $T = (I - Q)^{-1}$. Der Vektor $Tc$ besitzt $N - s$ Komponenten und die $i$-te kann damit interpretiert werden als die durchschnittliche Anzahl von Schritten vom transienten Zustand $i$ bis hin zur Absorption.

Die Wahrscheinlichkeit $B_{i,j}$ dafür, daß eine Absorption im Zustand $j \leq s$ geschieht unter der Voraussetzung, daß in einem transienten Zustand $i$ begonnen wurde, kann nun berechnet werden. Jeder Zustand $j$ wird in einem einzigen Schritt von $i$ aus erreicht (mit Wahrscheinlichkeit $P_{i,j}$), oder aber es findet zuerst ein Übergang in den transienten Zustand $k$ statt und von dort aus wird der Prozeß schließlich in $j$ absorbiert (mit Wahrscheinlichkeit $B_{k,j}$). Der Beweis dafür ist wieder ähnlich dem von oben. Weil die Sprünge von $i$ nach $k$ und dann von $k$ nach $j$ nach Voraussetzung unabhängig sind (der Prozeß ist eine Markoffkette), summieren wir über $N - s$ disjunkte Ereignisse, die verschiedenen Zwischenzuständen $k$ entsprechen:

$$B_{i,j} = P_{i,j} + \sum_{k=s+1}^{N} P_{i,k} B_{k,j} \qquad s < i \leq N, \ j \leq s \, . \qquad (1.5)$$

Mit Matrizen geschrieben ist das $B = R + QB$, wobei $R$ und $Q$ in (1.1) definiert sind.

Sei nun $H_{i,j}$ die Wahrscheinlichkeit dafür, daß ein transienter Zustand $j$ niemals in endlich vielen Schritten von einem anderen transienten Zustand $i$ aus erreicht wird. Falls $i$ und $j$ verschieden sind, ist offenkundig

$$T_{i,j} = H_{i,j}T_{j,j}$$

und, da wir für $T_{i,j}$ Eins addieren müssen, falls $i = j$ ist, bekommt man für alle Fälle

$$T_{i,j} = \delta_{i,j} + H_{i,j}T_{j,j} \;. \tag{1.6}$$

Wiederum mit Matrizen geschrieben ist dies $T = I + HT_{\text{diag}}$, wobei $T_{\text{diag}}$ diejenige Diagonalmatrix ist, welche nur aus den Diagonalelementen von $T = (I - Q)^{-1}$ besteht; $H$ ist die Matrix mit den Eingängen $H_{i,j}$. Somit gilt

$$H = (T - I)T_{\text{diag}}^{-1} \;.$$

Gleichungen (1.1) bis (1.6) werden wir im Rest des Kapitels verwenden.

## 1.3 Soziale Mobilität

Der kleine Einsiedlerkrebs *Pagarus longicarpus* besitzt keinen harten Panzer, der seinen Körper bedeckt, und somit muß er ein Schneckenhaus finden, das er als Schutz mit sich herumträgt. Diese leeren Schutzhüllen sind rar und werden nur dann erhältlich, wenn ihre Bewohner sterben.

In einer neueren Studie über die Bewegungen von Einsiedlerkrebsen in einem Gezeitenbassin außerhalb der Meerenge von Long Island (vgl. die Literaturhinweise auf Chase und andere in Abschnitt 1.6) wurde ein leeres Haus ins Wasser fallengelassen, um eine Kette von Leerstellen zu initiieren. Dieses Experiment wurde viele Male wiederholt, um eine Stichprobe von über 500 Bewegungen zu erhalten, bei denen Leerstellen von größeren zu im allgemeinen kleineren Häusern wanderten. Daraufhin wurde als Modell eine Markoffkette aufgestellt, indem etwa die Hälfte der Ereignisse dazu verwendet wurden, die Übergangsrate zwischen Zuständen abzuschätzen, die andere Hälfte, um empirische Abschätzungen abzuleiten für verschiedene Größen wie durchschnittliche Kettenlänge, welche dann mit den theoretischen Ergebnissen aus dem Modell verglichen werden konnten. Alle Experimente fanden in derselben Jahreszeit statt, so daß sich die Bedingungen in der Lagune nicht signifikant ändern konnten. Dabei ergab sich, daß jede Bewegung einer Leerstelle ohne Berücksichtigung der vorhergehenden Bewegungen stattfand. Das bringt uns zur Annahme, daß das Markoffketten-Modell wohl gerechtfertigt ist, was durch die nachfolgenden Vergleiche zwischen Theorie und Experiment gestützt wird.

In dem Modell gibt es verschiedene Zustände. Die Kette bricht ab, wenn ein Krebs, der momentan ohne Schutz ist, ein leeres Haus besetzt. Diejenige Leerstelle, die von einem nackten Krebs besetzt wird, wird als Zustand 1 bezeichnet. Dieser Zustand ist absorbierend. Wenn ein leeres Haus nicht angenommen wird, also kein Krebs es innerhalb der Beobachtungszeit von 45 Minuten besetzt, dann bezeichnet es ebenfalls einen absorbierenden Zustand, welcher mit 2 bezeichnet wird. Die übrigen 5 Zustände bezeichnen leere Häuser in verschiedenen Größenklassen, wobei Zustand 3 das größte, Zustand 7 das kleinste ist. Die größte Kategorie besteht aus Häusern über 2 g, die nächste Klasse liegt zwischen 1,2 und 2 g, und so weiter, bis zur Klasse der kleinsten Häuser zwischen 0,3 und 0,7 g. Tabelle 1.1 zeigt die Ergebnisse von 284 Bewegungen und zeigt auch, wie eine Leerstelle von Häusern der Größenklasse $i$ (nämlich Zuständen $i > 2$) zu Häusern der Größe $j$ (Zustände $j > 2$) oder zu einem absorbierenden Zustand $j = 1$ oder 2 wanderte. So verschob sich zum Beispiel eine Leerstelle neunmal von einem Haus der größten Kategorie (Zustand 3) zu einem mittelgroßen Haus im Zustand 5, während nur eines der größten Häuser aufgeben wurde (absorbierender Zustand 2).

Teilt man jeden Eintrag in Tabelle 1.1 durch die jeweilige Gesamtzahl, so erhält man einen Schätzwert für die Wahrscheinlichkeit eines Übergangs vom Zustand $i$ in den Zustand $j$ in einem Schritt. In Tabelle 1.2 ist dies in der kanonischen Matrixform für eine absorbierende Markoffkette getan (vgl. Gleichung (1.1)).

Jetzt sind wir in der Lage, die Theorie der absorbierenden Ketten

**Tabelle 1.1** Anzahl von Bewegungen zwischen den einzelnen Zuständen im Krebsexperiment

| von/nach | 1 | 2 | 3 | 4 | 5 | 6 | 7 | Gesamtzahl |
|---|---|---|---|---|---|---|---|---|
| 3 | 0 | 1 | 2 | 7 | 9 | 2 | 0 | 21 |
| 4 | 0 | 2 | 0 | 3 | 19 | 17 | 1 | 42 |
| 5 | 4 | 23 | 0 | 2 | 20 | 11 | 10 | 70 |
| 6 | 6 | 24 | 0 | 0 | 10 | 26 | 26 | 92 |
| 7 | 2 | 30 | 0 | 0 | 0 | 5 | 22 | 59 |

**Tabelle 1.2** Übergangsmatrix im Krebsexperiment

| | 1 | 2 | 3 | 4 | 5 | 6 | 7 |
|---|---|---|---|---|---|---|---|
| 1 | 1 | 0 | 0 | 0 | 0 | 0 | 0 |
| 2 | 0 | 1 | 0 | 0 | 0 | 0 | 0 |
| 3 | 0 | 0,048 | 0,095 | 0,333 | 0,429 | 0,095 | 0 |
| 4 | 0 | 0,048 | 0 | 0,071 | 0,452 | 0,405 | 0,024 |
| 5 | 0,057 | 0,329 | 0 | 0,029 | 0,289 | 0,157 | 0,143 |
| 6 | 0,065 | 0,261 | 0 | 0 | 0,109 | 0,283 | 0,283 |
| 7 | 0,034 | 0,508 | 0 | 0 | 0 | 0,085 | 0,373 |

anzuwenden, die wir weiter oben in diesem Kapitel entwickelt haben. Die $5 \times 5$-Untermatrix in der unteren rechten Ecke von Tabelle 1.2 ist $Q$ und $(I - Q)^{-1}$ kann leicht mit einem Softwarepaket oder etwas mühevoller von Hand berechnet werden. In beiden Fällen sollte das Ergebnis aber gleich sein, nämlich

$$
T = (I - Q)^{-1} = \begin{array}{c} 3 \\ 4 \\ 5 \\ 6 \\ 7 \end{array} \begin{Vmatrix} 1{,}105 & 0{,}429 & 1{,}039 & 0{,}683 & 0{,}562 \\ 0{,}0 & 1{,}102 & 0{,}832 & 0{,}879 & 0{,}629 \\ 0{,}0 & 0{,}407 & 1{,}494 & 0{,}416 & 0{,}530 \\ 0{,}0 & 0{,}007 & 0{,}240 & 1{,}540 & 0{,}750 \\ 0{,}0 & 0{,}0 & 0{,}033 & 0{,}209 & 1{,}697 \end{Vmatrix}.
$$

$$
\begin{array}{ccccc} 3 & 4 & 5 & 6 & 7 \end{array}
$$

Die Einträge in die Matrix bezeichnen dabei die durchschnittliche Anzahl dafür, daß der Prozeß sich im Zustand $j$ befindet, wenn er im transienten Zustand $j$ angefangen hatte. Uns interessieren nun die Komponenten des Vektors $Tc$, wobei wie oben definiert alle Komponenten von $c$ gleich 1 sind. Diese Zahlen geben die durchschnittliche Anzahl von Schritten an, bis eine Leerstellenkette endet, wenn sie mit einer Leerstelle der Kategorie $i$ begann. Zum Beispiel finden durchschnittlich 3,817 Wechsel bis zur Absorption statt, wenn die Kette bei einem Haus aus der größten Kategorie startet.

Tabelle 1.3 vergleicht die berechneten Durchschnittswerte mit denjenigen aus empirischen Beobachtung und wir sehen, daß brauchbare Übereinstimmung herrscht. Der letzte Eintrag in der zweiten Spalte fehlt, weil keine Häuser der Größe 7 ins Wasser gesetzt wurden.

**Tabelle 1.3** Beobachtete und berechnete Kettenlängen im Krebsexperiment

| Ausgangszustand | beobachtete | berechnete |
|---|---|---|
| | Kettenlänge | |
| 3 | 3,556 | 3,817 |
| 4 | 3,323 | 3,443 |
| 5 | 2,667 | 2,487 |
| 6 | 2,567 | 2,538 |
| 7 | | 1,939 |

Zum Schluß berechnen wir noch die Wahrscheinlichkeit, daß eine Leerstellenkette im Zustand 1 oder 2 endet, unter der Voraussetzung, daß sie mit einem Haus der Größe $i$ begann. Mit Gleichung (1.4) bekommt man Tabelle 1.4.

Startet man zum Beispiel mit einem ziemlich kleinen Haus der Größe 6, dann ist die Wahrscheinlichkeit, daß das letzte Haus in der Kette unbelegt bleibt, gleich 0,861. Diese hohe Wahrscheinlichkeit spiegelt die Tatsache wider, daß die Häuser, die hinten in der Kette bleiben, im allgemeinen eng und in schlechtem Zustand und somit unattraktiv für alle außer den notleidendsten Krebsen sind.

Jede Leerstelle wird auf ein anderes Haus abgebildet, wenn ein Krebs in ein neues Heim einzieht, es sei denn, das letzte Haus wird aufgegeben (Absorption im Zustand 2). In diesem Fall ist die mittlere Anzahl an

**Tabelle 1.4** Wahrscheinlichkeit dafür, daß ein Krebsexperiment in einem bestimmten absorbierenden Zustand endet

| Ausgangszustand | absorbierender Zustand | |
|---|---|---|
| | 1 | 2 |
| 3 | 0,123 | 0,877 |
| 4 | 0,126 | 0,874 |
| 5 | 0,130 | 0,870 |
| 6 | 0,139 | 0,861 |
| 7 | 0,073 | 0,927 |

Krebsen, die in ein neues Quartier einziehen, um eins geringer als die mittlere Kettenlänge. Auf der anderen Seite ist die mittlere Zahl von Bewegungen der Krebse gleich groß wie die mittlere Kettenlänge, wenn ein „nackter" Krebs das letzte Haus besetzt. Bezüglich dieser beiden Ereignisse berechnen wir nun die durchschnittliche Mobilität $M_i$ der Krebse in einer Kette, die im Zustand $i$ beginnt. Eine kurze Überlegung zeigt, daß

$$M_i = B_{i,1} + \sum_{j=3}^{7} N_{i,j} - 1 \, . \tag{1.7}$$

(Vergleiche Übung 1.5.5, wo auch gezeigt wird, daß die $M_i$ befriedigend mit den empirisch bestimmten Mittelwerten der Krebs-Mobilität übereinstimmen). Die Größe (1.7) ist von Interesse, weil sie ein Maß für den Gesamtgewinn aller Krebse in einer Lagune angibt, welcher dadurch entsteht, daß eine einzige Behausung dazukommt. Weil die Größe der Krebse eng mit der Größe der Schneckenhäuser korelliert ist, können diejenigen Krebse, die weniger „baufällige" Häuser gewinnen können, größer werden und eine größere Zahl von Nachkommen zeugen. Eine einzigen Leerstelle hat einen Multiplikator-Effekt, da der Vorteil durch die gesamte Krebskolonie sickert. Ein ähnlicher Schluß wäre bei Ketten zu ziehen, die durch die Schaffung eines neuen Arbeitsplatzes in einer Organisation oder mit dem Verkauf einer Wohnung anfangen. Zum Beispiel verdienen alle Makler vom Verkauf eines einzigen Hauses, weil dies ein Bündel anderer Verkäufe auslöst, auch der Staat profitiert davon, weil er mehrfach Steuern einziehen kann.

Die Durchschnittswerte $T_{i,j}$ ergeben einen Schätzwert für den Einfluß, den die Bereitstellung eines Schneckenhauses einer bestimmten Größe auf die Mobilität der Krebse haben wird und damit auf ihre Größe und ihre Reproduktionsfähigkeit. In Tabelle 1.3 sehen wir, daß das Einsetzen eines großen Schneckenhauses der Größe 3 den Krebsen der Stufe 5 mehr nützt als jenen in Stufe 4. Offenkundig bevorzugen kleinere Krebse ein größeres Haus als unbedingt notwendig und werden ihre Fortpflanzungs-Anstrengungen hinausschieben, bis solch eine Einheit erhältlich ist. Derselbe Schluß kann auf Krabben, Tintenfische und Hummer angewandt werden, die sich in kleinen Höhlen und Öffnungen im Korallenriff verstecken. Möchte man also die Chancen dieser Tiere erhöhen, sei es als Akt des Tierschutzes oder aber weniger selbstlos um die Fanggründe zu verbessern, dann ist es eine nützliche Strategie, künstliche Verstecke wie z. B. Schlackebrocken an geeigneter Stelle zu plazieren. Das Problem dabei ist, den Nutzen abzuschätzen, den bestimmte Tiere aus einer Ressource ziehen können. Zumindest für den Fall des Einsiedlerkrebses legt das obige Modell eine Antwort nahe.

## 1.4 Rückfällige

Von einem Verbrecher, der erneut ein Verbrechen begeht, sagt man, er werde rückfällig. Da ein Täter üblicherweise ein Verbrechen nur gesteht, wenn er geschnappt wird, ist die reale Rückfallwahrscheinlichkeit unbekannt. Für die Polizei ist ein Rückfälliger jemand, der erneut verhaftet wird, während für die Justiz jemand nur dann rückfällig ist, wenn er erneut ins Gefängnis kommt. Das muß man im Auge behalten, wenn die Verbrechensstatistiken in der Presse und in offiziellen Berichten zitiert werden.

Um einen Einblick in dieses Problem zu bekommen, formulieren wir ein einfaches Markoffketten-Modell mit vier Zuständen, das den Täter aus der Sicht der Justiz beschreibt. Der erste Zustand entspricht einem ehemaligen Kriminellen, der stirbt oder sich entschließt, auf dem geraden Weg zu bleiben und sich – so oder so – nicht mehr der kriminellen

Gesellschaft anschließt. Dieser Zustand ist absorbierend. Die restlichen Zustände korrespondieren zu Personen, die früher oder gerade erst ein Verbrechen begangen haben, die gefangengenommen wurden und die verurteilt wurden (Bild 1.4).

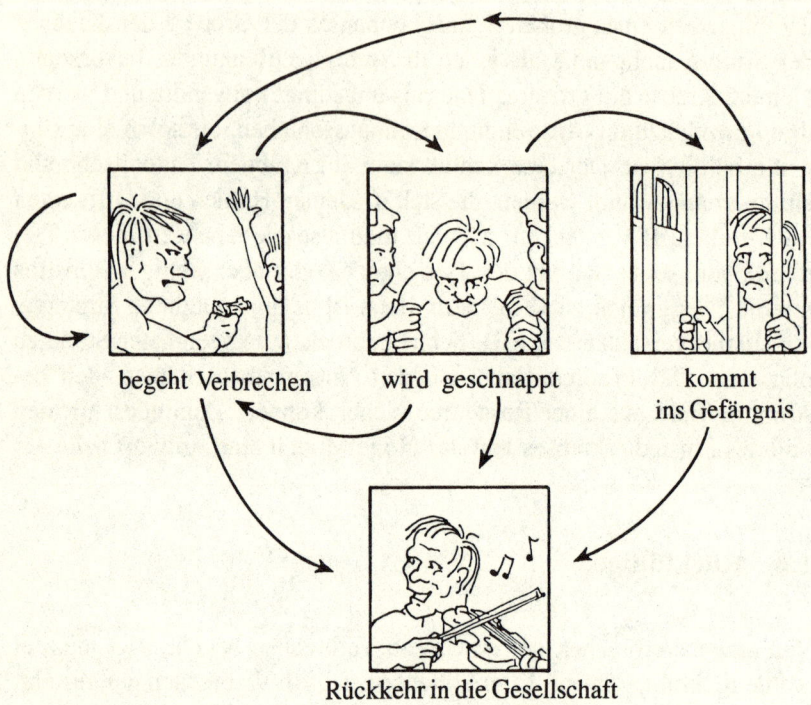

begeht Verbrechen    wird geschnappt    kommt
ins Gefängnis

Rückkehr in die Gesellschaft

**Bild 1.4** Übergänge zwischen den Zuständen in der Strafjustiz

Sei $p$ die wahre, aber unbekannte, Rückfallwahrscheinlichkeit (ein Krimineller, der nicht gefaßt wurde, begeht erneut ein Verbrechen). Wir nehmen an, daß jemand, der verhaftet und dann wieder freigelassen wurde, die gleiche Neigung $p$ hat, wieder straffällig zu werden wie jemand, der gerade aus dem Gefängnis entlassen wurde. Das bedeutet zusammen, daß das zukünftige Verhalten eines Täters unabhängig davon ist, wann er (oder sie) in die Gesellschaft zurückkehrt. In einem Artikel zu diesem Thema (siehe die Literaturhinweise in Abschnitt

1.5) wird die Wahrscheinlichkeit $p_E$, eingesperrt zu werden, wenn man ein Verbrechen begangen hat, auf 0,25 geschätzt, damit ist die (unbedingte) Wahrscheinlichkeit einer Wiederholungstat in diesem Falle $p(1-p_E) = 0,75p$. Genauso wird die Wahrscheinlichkeit $p_R$, überführt, verurteilt und eingesperrt zu werden (unter der Voraussetzung, daß man verhaftet wurde), ebenfalls auf 0,25 geschätzt. Damit ist die (unbedingte) Wahrscheinlichkeit für eine Wiederholungstat nach einer Haftstrafe $p(1 - p_H) = 0,75p$. Von allen transienten Zuständen $i = 2, 3, 4$ aus gibt es ebenfalls eine Wahrscheinlichkeit für die Absorption in einem Schritt, was der Rückkehr in die Gesellschaft als gesetzestreuer Bürger oder dem Ableben entspricht. Zum Beispiel ist die Wahrscheinlichkeit, kein Wiederholungstäter zu werden, von Zustand 2 aus, also wenn gerade ein Vergehen begangen wurde, gerade $(1 - p)(1 - p_E)$. Das drückt die Tatsache aus, daß die Absorptio im Zustand 1 zwei unabhängige Ereignisse voraussetzt, nämlich daß man nicht verhaftet wurde, nachdem das Verbrechen begangen wurde, und daß die kriminelle Laufbahn des Täters beendet wird.

Kriminalstatistiken neigen zu Fehlern und sind von sich aus unvollständig, da sie Festnahmen außerhalb des Rechtsbezirks nicht einschließen, oder auch, weil eine zentrale Registrierung Haftstrafen für geringfügige Verbrechen nicht beinhaltet. Darüber hinaus werden manche Personen fälschlicherweise verhaftet und verurteilt, während andere von der Verfolgung verschont werden, auch wenn sie verhaftet wurden, weil ihre Haftstrafen mangels Beweisen ausgesetzt wurden. Trotzdem wollen wir annehmen, daß dieser Makel in den Daten vernachlässigt werden kann und daß die geschätzten Wahrscheinlichkeiten im großen und ganzen korrekt sind. Wenn wir das akzeptiert haben, können wir die Übergangsmatrix aufschreiben:

$$P = \left( \begin{array}{c|ccc} 1 & 0 & 0 & 0 \\ \hline 0,75(1-p) & 0,75p & 0,25 & 0 \\ 0,75(1-p) & 0,75p & 0 & 0,25 \\ 1-p & p & 0 & 0 \end{array} \right).$$

Wir setzen dabei voraus, daß die notwendigen Bedingungen für ein Markoffketten-Modell erfüllt sind. Das bedeutet, daß eine Veränderung von irgendeinem Zustand aus von der kriminellen Vergangenheit eines Individuums unbeeinflußt ist und daß sich die Übergangswahrscheinlichkeiten nicht mit der Zeit ändern (was im groben richtig ist, wenn diese Werte aus Datensätzen berechnet werden, die sich über eine beschränkte Anzahl von Jahren erstrecken).

Die Matrix $P$ ist bereits in der kanonischen Form (1.1) für eine absorbierende Kette mit $Q$ als rechtem unteren Block. Wir können die $3 \times 3$-Matrix $T = (I - Q)^{-1}$ entweder mit der Hand (was einfach genug ist) oder mit einem geeigneten Computerprogramm berechnen und erhalten

$$T = \frac{1}{1-p} \begin{pmatrix} 1 & \frac{1}{4} & \frac{1}{16} \\ p & 1 - \frac{3}{4}p & \frac{1}{4} - \frac{3}{16}p \\ p & \frac{1}{4}p & 1 - \frac{15}{16}p \end{pmatrix}.$$

Die Frage, die uns unmittelbar interessiert, ist die Frage nach der Rückfallwahrscheinlichkeit unter der Voraussetzung, daß ein Individuum sich in einem der transienten Zustände $i = 2, 3, 4$ befindet, oder um es in anderen Worten auszudrücken, die Wahrscheinlichkeit, jemals in einen transienten Zustand $i$ zurückzukehren, wenn man dort begonnen hat.

Da $f_i = H_{i,i}$ ist, lesen wir aus Gleichung (1.6) ab, daß

$$T_{i,i} = f_i T_{i,i} + 1$$

gilt, wobei $f_i$ die Wiederkehrwahrscheinlichkeit für den Zustand $i$ in einer endlichen Anzahl von Schritten ist. Damit ist

$$f_i = 1 - \frac{1}{T_{i,i}} \, . \tag{1.8}$$

Die $(i, j)$-Komponente von $T$ ist $T_{i,j}$, damit muß man zur Berechnung von (1.8) nur die Diagonalkomponenten von $T$ kennen. Das Ergebnis ist

$$\begin{aligned} f_1 &= p \\ f_2 &= \frac{p}{4 - 3p} \\ f_3 &= \frac{p}{16 - 15p} \, . \end{aligned}$$

Daß $f_1$ gleich $p$ ist, kommt nicht unerwartet, da wir das ursprünglich als richtig angenommen hatten. Für $p = 0,9$ ist die Wahrscheinlichkeit für eine Wiederholungstat also groß, denn Wahrscheinlichkeit $f_2$, wieder verhaftet zu werden, ist gleich 0,69 und die Wahrscheinlichkeit $f_3$, wieder ins Zuchthaus zu kommen, sogar nur gleich 0,36. Die verschiedenen Schätzungen für Wiederholungstaten sind also miteinander konsistent und spiegeln die Tatsache wider, daß die verschiedenen Teile des Rechtssystems (der Kriminelle, die Polizei, der Justizbeamte) Wiederholungstaten von verschiedenen Blickwinkeln aus sehen.

Von $T$ können wir auch ablesen, daß die durchschnittliche Anzahl von Straftaten während einer Verbrecherkarriere $T_{2,2} = 1/(1 - p)$ ist. Wenn $p = 0,9$ ist, dann verübt der Täter durchschnittlich 10 Straftaten während seines Lebens, während es bei $p = 0,8$ nur 5 sind. Somit kann eine 11 %ige Reduzierung der Neigung, erneut ein Verbrechen zu begehen, die Zahl der tatsächlich ausgeführten Verbrechen um 50 % senken. Selbst wenn eine erhöhte Wachsamkeit auf Seiten der Polizei nur einige wenige Verbrecher abschreckt, kann dies also einen gewichtigen Einfluß auf die Reduzierung der tatsächlich ausgeübten Straftaten haben.

## 1.5 Übungen

**1.5.1** Eine Folge von statistisch unabhängigen Versuchen habe jeweils zwei Ausgänge, Erfolg und Mißerfolg, mit Wahrscheinlichkeit $p$ bzw. $q = 1 - p$. Die Zufallsvariable $X$ bezeichne die Anzahl der Versuche bis hin zum ersten Erfolg. Man sieht leicht, daß $p(X = k) = q^{k-1}p$, $k = 1, 2, \ldots$ Das ist die sogenannte *geometrische Wahrscheinlichkeitsverteilung*. Zeigen Sie, daß

$$\sum_{k=1}^{\infty} q^{k-1}p = 1$$

ist und daß der Erwartungswert von $X$ gegeben ist durch

$$E(X) = \sum_{k=1}^{\infty} kq^{k-1}p = \frac{1}{p}.$$

In Abschnitt 1.3 ist $q = f_i$ und $p = 1 - f_i$.
Hinweis: Was ist die Summe über eine geometrische Reihe?

**1.5.2** Erinnern Sie sich an die Definition der Zufallsvariablen $N_i$ als die Anzahl, wie oft der Markoffketten-Prozeß sich im Zustand $i$ befindet. Zeigen Sie mit Hilfe der letzten Übung, daß der Mittelwert dieser Zufallsvariablen $E(N_i) = 1/(1 - f_i)$ ist. Setzen Sie $i = j$ in Gleichung (1.6) und zeigen Sie damit, daß $T_{i,i} = f_i$, was auch direkt aus den Definitionen folgt.

**1.5.3** Ein vereinfachtes Lernmodell in der Verhaltensforschung besteht darin, eine Ratte in das weiter unten gezeichnete Labyrinth zu setzen, wo es verschiedene Öffnungen in jede Kammer hinein und aus ihr heraus gibt. Wenn die Ratte in Kammer 3 gelangt, wird sie mit Futterstücken belohnt, aber in Kammer 7 bekommt sie einen unangenehmen Elektroschock.

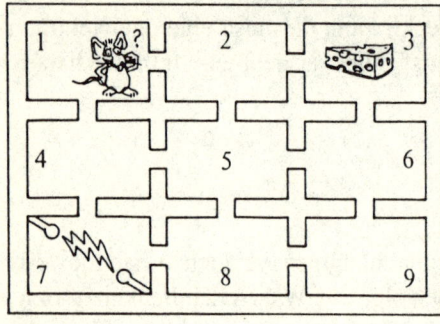

**Bild 1.5**

Wir bezeichnen jede der neun Kammern als einen „Zustand". Eine Ratte wird z. B. in Kammer 1 gesetzt und wir beobachten so lange, bis sie in Zustand 3 oder 7 gelangt. Das wird einige Male wiederholt. Wenn die Ratte nicht aus ihrer Erfahrung lernt, dann ist es gleichbedeutend anzunehmen, daß sie zufällig eine Öffnung auswählt. Das bedeutet, wenn $k$ Öffnungen auf jeder Stufe vorhanden sind, daß die Ratte eine davon mit der Wahrscheinlichkeit $1/k$ auswählt. Falls die Ratte aber andererseits aus ihren Irrgängen lernt, dann erwarten wir, daß sie schließlich häufiger einen Weg wählt, der sie vom Zustand 7 weg auf den Zustand 3 hin führt. Man kann diese Hypothese mit einem Markoffketten-Modell testen, in dem kein Lernvorgang stattfindet (jede Türöffnung ist gleich wahrscheinlich), und dann die berechnete Absorptionswahrscheinlichkeit für den Zustand 3 mit der empirisch abgeleiteten vergleicht. Schreiben Sie die Übergangsmatrix für diese absorbierende Markoffkette in der Form (1.1) auf und berechnen Sie die Wahrscheinlichkeit dafür, daß die Ratte schließlich in Kammer 3 gelangt, wenn sie bei 1 gestartet war. Hinweis: Benutzen Sie Gleichung (1.5).

Der empirisch beobachtete Wert für die Absorption im Zustand 3 ist 0,95. Würden Sie aufgrund der im Modell berechneten Wahrscheinlichkeit zustimmen, daß die Ratte gelernt hat, das Labyrinth in vorteilhafter Weise zu durchqueren?

**1.5.4** Betrachten Sie eine zufällige Bewegung, bestehend aus $N + 1$ Zuständen $i = 0, 1, \ldots, N$, bei welcher einstufige Übergänge mit den folgenden Wahrscheinlichkeiten auftreten:

$$
\begin{aligned}
P_{i,i+1} &= p\,, \\
P_{i,i-1} &= 1 - p \qquad \text{für } i = 1, 2, \ldots, N \text{ und} \\
P_{0,0} &= P_{N,N} = 1
\end{aligned}
$$

Alle anderen Übergänge haben Wahrscheinlichkeit Null. Das ist eine absorbierende Markoffkette, wie wir schon oben gesehen haben.

In einem späteren Kapitel werden wir die Gelegenheit haben, mit einem anderen Argument als dem bis jetzt verwendeten zu zeigen, daß die Absorptionswahrscheinlichkeit $B_{i,N}$ im Zustand $N$ gleich $i/N$ ist, vorausgesetzt, daß $p = \frac{1}{2}$ und die Zufallsbewegung von einem transienten Zustand $i$ ausgeht. Beweisen Sie dies mittels Gleichung (1.5) für den Fall $N = 4$.

**1.5.5** Zeigen Sie, daß die Gleichung (1.7) zur Krebs-Mobilität richtig ist. Vergleichen Sie die durchschnittliche Zahl der Ortswechsel der Krebse mit folgenden Zahlen aus empirischen Beobachtungen, wenn die Leerstelle in einem Zustand $i$ beginnt.

| Ausgangszustand | durchschnittliche Zahl an Ortswechseln der Krebse |
|:---:|:---:|
| 3 | 2,61 |
| 4 | 2,52 |
| 5 | 1,75 |
| 6 | 1,81 |

**1.5.6** Berechnen Sie mit Hilfe des Modells aus Abschnitt 1.4 die langfristige Wahrscheinlichkeit, je wieder ein Verbrechen zu begehen, wenn der Täter gerade verhaftet wurde.

Hinweis: Benutzen Sie Gleichung (1.6).

Sei wiederum $p = 0,9$. Berechnen Sie die durchschnittliche Zahl von Verhaftungen während einer Verbrecherkarriere für diejenigen Personen, die schon einmal im Gefängnis gesessen sind.

**1.5.7** In Gleichung (1.4) haben wir gesehen, daß die durchschnittliche Schrittzahl $E(t_i)$ bis zur Absorption für eine Kette, die im $i$-ten Zustand beginnt, gerade die $i$-te Komponente des Vektors $Tc$ ist. Dabei sind alle Einträge in den Spaltenvektor $c$ gleich 1 und $t_i$ ist die Zufallsvariable der bis zur Absorption notwendigen Schritte von $i$ aus.

Es gibt eine zweite Herleitung dieses Ergebnisses. Von $i$ aus findet eine Absorption entweder in einem Schritt statt mit Wahrscheinlichkeit

$$\sum_{j=1}^{s} P_{i,j} ,$$

oder aber der erste Schritt führt uns zu einem anderen transienten Zustand $k$. In diesem Fall ist die Zahl der Schritte bis zur Absorption gleich $E(t_k + 1)$, weil ja schon ein Schritt von $i$ nach $k$ stattgefunden hat. Damit ist

$$E(t_i) = \sum_{j=1}^{s} P_{i,j} 1 + \sum_{k=s+1}^{N} P_{i,k} E(t_k + 1) = \sum_{j=1}^{N} P_{i,j} + \sum_{k=s+1}^{N} P_{i,k} E(t_k)$$

Die Zeilen der Übergangsmatrix $P$ addieren sich zu Eins auf und somit kann dieser Ausdruck in Matrixschreibweise umgeschrieben werden zu

$$r = c + Qr \, ,$$

wobei $r$ der aus den $E(t_i)$ gebildete Vektor ist. Wir wollen zeigen, daß $r$ dasselbe ist wie $Tc$. Dies folgt aber aus $Q = (I - T)^{-1}$ und damit wird

$$r = c + (I - T^{-1})r \, .$$

Dies zeigt, daß $r = Tc$.

Praktisch dasselbe Argument ergibt die Varianz von $t_i$. Sei $v$ der Vektor mit den Komponenten $V(t_i)$. Zeigen Sie, daß

$$v = (2T - I)Tc - (Tc)^2 \, ,$$

wobei $(Tc)^2$ der Vektor mit dem Quadrat von $E(t_i)$ die $i$-te Komponente ist. Benützen Sie diese Formel dann, um $\text{Var}(t_3)$ für den Fall der Krebs-Mobilität zu berechnen.

Hinweis: Beachten Sie, daß $\text{Var}(t_i) = E(t_i^2) - E^2(t_i))$.

**1.5.8** Betrachten Sie als ein weiteres Beispiel für soziale Mobilität eine Universität, die eine feste Anzahl von Eingruppierungen für ihre Mitarbeiter kennt: Übungsleiter, Assistent, Lehrbeauftragter, Professor. Jedes Jahr wird das Personal auf Höhergruppierung in die nächste Stufe untersucht. Sei $P_{i,j}$ der Anteil des Personals, das zu Beginn des akademischen Jahres vom Rang $i$ in den Rang $j$ aufsteigt $1 \leq i, j \leq 4$. $j = i+1$ bedeutet einen Aufstieg, während $j = i$ keine Rangänderung bedeutet. Wenn jemand vom Rang $i$ die Universität verläßt, wird er oder sie durch einen Übungsleiter ersetzt. Damit gibt es Wahrscheinlichkeiten $P_i$, $q_i$ und $h_i$ mit

$$
\begin{aligned}
P_{i,i+1} &= P_i \\
P_{i,i} &= q_i \\
P_{i,1} &= h_i \, .
\end{aligned}
$$

Alle anderen $P_{i,j}$ verschwinden. Ferner gelte $P_i + q_i + h_i = 1$.

Erläutern Sie, warum dies eine Markoffkette ist und stellen Sie die Übergangsmatrix $P$ auf. Wann ist dies eine absorbierende Kette?

## 1.6 Weiterführende Literatur

Eine umfassende Behandlung von Leerstellenketten in der Soziologie findet sich im Buch von White [1], während das spezielle Modell in Abschnitt 1.3 für die Krebs-Mobilität aus den Artikeln [2] und [3] stammt.

Eine ausführliche Diskussion von Wiederholungstaten findet man im Buch [4], das Modell in Abschnitt 1.4 stammt aus [5].

Ein exzellenter Text zu Markoffketten, inclusive absorbierender Ketten und vieler Beispiele, ist [6]. Von denselben Autoren stammt ein Standardwerk zur Modellbildung mit Anwendungen in den Sozialwissenschaften [7]. Dort findet man ebenfalls verschiedene Beispiele zu Markoffketten.

# Kapitel 2
# Abgeordnetensitze und: Wer sammelt den ganzen Müll ein?

## 2.1 Hintergrund

Die meisten öffentlichen Dienstleistungen müssen einen wöchentlichen Bedarf abdecken, der ungleichmäßig mit der Zeit variiert, oft während aller sieben Wochentage und 24 Stunden am Tag. Das Personal für dieses Bedarfsprofil muß notwendigerweise überlappende Wochenschichten haben, da von niemandem verlangt werden kann, daß er die ganze Woche durch arbeitet. Im privaten Sektor ist der Bedarf im allgemeinen gleichmäßig und zu festen Zeiten, die mit der Verfügbarkeit des Personal übereinstimmen.

Beispiele für öffentliche Dienstleistungen können leicht angegeben werden. Man denke nur an Bedienstete in Sanitätseinrichtungen, Polizei, Krankenwagenfahrer, Krankenpflege- und Sicherheitspersonal, Notdienste, Arbeiter in der Gepäckannahme an Flughäfen oder Lastwagenfahrer im Fernverkehr, um nur einige zu nennen. In all diesen Beispielen wird die Zuteilung der Bediensteten auf verschiedene Wochenabschnitte dadurch erschwert, daß die anfallende Arbeitsmenge nicht mit der vorhandenen Arbeitskraft übereinstimmt.

In New York gibt es zum Beispiel an Sonntagen effektiv keine Müllabfuhr, wenn man private Entsorgungsdienste einmal außer acht läßt. Das bedeutet, daß es am Montagmorgen mehr Müll als sonst gibt, der auf Abholung wartet, da der Rückstand vom Samstag aufgeholt werden muß zusammen mit dem am Sonntag erzeugten Müll. Deshalb braucht man mehr Müllmänner am Montag und – weil ein Teil der Abfälle mitsamt Gestank und anderen Risiken am Abend wegen der Überlast liegenbleibt – auch am Dienstag. Eine Lösung ist natürlich, zusätzliche

27

Arbeiter einzustellen, um die Lücke zu füllen. In Zeiten beschränkter öffentlicher Ausgaben ist diese kostspielige Lösung für die Kommunen unattraktiv, die es deshalb vorziehen, die Arbeitspläne besser an den Arbeitsaufwand anzupassen. Das bedarf allerdings einiger Vorsicht. Jeder Arbeitsplan, der ungleichmäßige und unangenehme Verschiebungen der Arbeitszeit enthält, ist unbefriedigend für die Arbeiter. Sie ziehen ein gleichförmiges Muster von Arbeitstagen vor, das den Angestellten zum Beispiel möglichst viele Wochenende frei gibt oder andere Anforderungen an die Freischichten erfüllt. Damit besteht ein Interessenkonflikt zwischen den Anforderungen der Kommunen, die die Aufgabe gerne unter dem Aspekt schwerer Haushaltsdefizite lösen würden, und den Gewerkschaften, die auf einen gerechten Arbeitsplan für ihre Mitglieder pochen (die Frage von Entlohnung und Vergünstigungen ist eine andere Sache, die wir hier außer acht lassen wollen).

Im nächsten Abschnitt diskutieren wir einen mathematischen Rahmen für Arbeitspläne im Zusammenhang mit einem realen Arbeitskampf zwischen der Müllarbeitergewerkschaft und der Stadtverwaltung von New York, der vor einigen Jahren stattgefunden hat.

Eine ähnliche Aufgabe ist, Fahrzeuge für Abhol- und Auslieferungsdienste einzuteilen. Dies wird ausführlich im nächsten Kapitel im Zusammenhang mit städtischen Notfalldiensten diskutiert, wo die fraglichen Fahrzeuge Feuerwehrautos, Krankenwagen und ähnliches sind. Bei Einsatzplänen für Nicht-Notfallfahrzeuge wie Schulbusse oder Müllfahrzeuge sind die Probleme etwas anders. In Abschnitt 2.4 werfen wir einen kurzen Blick auf eine spezielle Situation, in der Müllfahrzeuge für die Müllabfuhr so eingeteilt werden sollen, daß die Kosten für die Gemeinde minimal werden und der tägliche und wöchentliche Entsorgungsbedarf gedeckt wird.

Wir wollen uns kurz einer scheinbar verschiedenen Situation zuwenden. Die Verfassung der Vereinigten Staaten legt fest, daß „Abgeordnete und direkte Steuern unter den einzelnen Staaten, die dieser Union angehören, gemäß ihren Zahlen aufgeteilt werden [sollen]" (Artikel 1, Absatz 2). Das bedeutet, daß eine feste Anzahl von Kongreßsitzen unter den verschiedenen Staaten aufgeteilt werden, so daß jeder Staat eine Vertretung proportional zu seiner Bevölkerungszahl bekommt. Dieser

Gedanke („ein Bürger, eine Stimme") kann in der Praxis nur schwer erfüllt werden, da der Quotient aus Sitzen und Bevölkerungszahl üblicherweise eine Bruchzahl ist, die gerundet werden muß. Da die politische Macht aus der Abgeordnetenzahl erwächst, ist das Rundungsproblem in der Geschichte der Vereinigten Staaten immer schon eine Quelle für Kontroversen und Debatten gewesen, und dies schon seit jenen Zeiten, als Hamilton, Jefferson und Adams sich bemühten, dieses Problem zu lösen. Sie und ihre Nachfolger versuchten eine für alle Staaten gerechte Methode aufzuweisen, was unter anderem bedeutet, daß, wenn ein Staat nach einer Abstimmung an Bevölkerung wächst, er keinen Sitz an einen Staat abgeben soll, dessen Bevölkerungszahl geschrumpft ist. Wir werden dieses Problem in Abschnitt 2.3 näher betrachten, wo wir sehen werden, daß das, was auf den ersten Blick als eine brauchbare Lösung erscheint, bestimmte Gebote der Gleichheit verletzt.

Das Zuteilungsproblem sollte einen an das Problem der Arbeitspläne erinnern, bei denen eine bestimmte Arbeitsmenge auf eine feste Anzahl von Bediensteten verteilt werden muß, so daß jeder Arbeiter eine befriedigende Anordnung von freien Tagen erhält. Später, in Kapitel 3, taucht eine ähnliche Frage im Zusammenhang mit der Verteilung einer festen Anzahl von Rettungsfahrzeugen (wie Feuerwehrautos) auf verschiedene Stadtviertel auf. Diese sollen effektiv auf Notrufe reagieren können, und zwar in einer Weise, die von der Feuerwehr bezahlbar und gleichzeitig gerecht gegenüber allen Bürgern ist.

In eine ähnliche Richtung zielt die Frage, wie ein Staat mit einer festen Zahl von Kongreßabgeordneten weiter in Wahlkreise unterteilt werden soll. Es gibt mehrere Wege, ein geographisches Gebiet in Teile mit ungefähr derselben Bevölkerungszahl aufzuteilen, aber die Anhänger eines jeden Kandidaten werden die Grenzziehung zu beeinflussen versuchen, damit ihre Kandidat größere Chancen bei der Wahl hat. In diesem Fall ist das Verteilungsproblem zusätzlich durch schwer zu quantifizierende Erwägungen belastet.

Offenkundig sind einige dieser Fragen praktisch nicht zu behandeln, da sie mit Sonntagsreden und Mauscheleien überzogen sind, während andere eher einem rationalen Argument zugänglich sind. Wenn man aber einen unparteiischen mathematischen Zugang wählt, erweisen sich die meisten Probleme als ganzzahlige Optimierungsprobleme. Diesen Zugang, der einer großen Zahl von nur oberflächlich verschiedenen Situationen zu eigen ist, wollen wir in diesem und dem nächsten Kapitel verfolgen.

## 2.2  Arbeitspläne

Bevor wir den Spezialfall der New Yorker Stadtreinigung diskutieren, wollen wir zuerst ein anderes Beispiel betrachten, wie man Arbeitskräfte einteilen kann. Angenommen, jeder Angestellte arbeite, wie es in vielen öffentlichen Verwaltungen üblich ist, an fünf aufeinanderfolgenden Tagen der Woche, denen zwei freie nachfolgen. Darüber hinaus soll jeder Arbeiter, wenn es mehrere Schichten am Tag gibt, immer in derselben arbeiten, z. B. von 8:00 Uhr bis 16:00 Uhr. Dies mag nicht in jedem Fall zutreffen (viele Polizeireviere haben drei rotierende Achtstundenschichten, damit das Revier 24 Stunden am Tag besetzt ist), aber wir wollen uns auf diese einfache Situation beschränken, da sie bereits die Grundideen bei der Erstellung von Arbeitsplänen aufzeigt.

Angenommen, die Bediensteten werden in $N$ fast exakt gleichgroße Gruppen aufgeteilt. In unserem Fall sollen die einzig möglichen freien Tage Montag-Dienstag oder Dienstag-Mittwoch oder ... oder Sonntag-Montag sein. Wir nennen diese möglichen Zeiten Erholungszeiten und bezeichnen sie aufsteigend mit dem Index $1, 2, \ldots, 7$. Nehmen wir weiterhin an, daß schon früher ermittelt wurde, daß insgesamt $n_i$ Gruppen am $i$-ten Tag arbeiten müssen, um den durchschnittlichen Arbeitsanfall zu bewältigen. Das heißt, $r_i = N - n_i$ Gruppen haben an diesem Tag frei. Sei nun $x_j$ die Anzahl der Gruppen, die während einer bestimmten Woche die $j$-te Erholungszeit bekommen. Zum Beispiel ist $x_3$ diejenige Anzahl, wie oft Mittwoch-Donnerstag gewählt wurde. Wir wollen einen Arbeitsplan aufstellen, so daß jede Gruppe dasselbe Muster von Erholungstagen während $N$ Wochen hat, und zwar im rotierenden System. Was das heißt, wird im folgenden noch klarer werden.

Da Dienstag, um einen beliebigen Tag herauszugreifen, zur ersten und zweiten Erholungszeit gehört, muß $x_1 + x_2$ gleich $r_2$ sein. Allgemein

muß das folgende System von Nebenbedingungen für jede Woche erfüllt
sein:

$$
\begin{aligned}
x_1 \qquad\qquad\qquad\qquad + x_7 &= r_1 \\
x_1 + x_2 \qquad\qquad\qquad &= r_2 \\
x_2 + x_3 \qquad\qquad\quad &= r_3 \\
x_3 + x_4 \qquad\quad &= r_4 \qquad (2.1) \\
x_4 + x_5 \qquad &= r_5 \\
x_5 + x_6 \quad &= r_6 \\
x_6 + x_7 &= r_7 \; .
\end{aligned}
$$

Dieses Gleichungssystem kann in kompakterer Weise in Matrixschreibweise dargestellt werden als $Ax = r$, wobei $A$ die Matrix ist, die durch

$$
\begin{pmatrix}
1 & 0 & 0 & 0 & 0 & 0 & 1 \\
1 & 1 & 0 & 0 & 0 & 0 & 0 \\
0 & 1 & 1 & 0 & 0 & 0 & 0 \\
0 & 0 & 1 & 1 & 0 & 0 & 0 \\
0 & 0 & 0 & 1 & 1 & 0 & 0 \\
0 & 0 & 0 & 0 & 1 & 1 & 0 \\
0 & 0 & 0 & 0 & 0 & 1 & 1
\end{pmatrix}
$$

gegeben ist. Die Gleichungen (2.1) lassen sich leicht durch Eliminieren
lösen. Ist z. B. $r_1 = 1$, $r_2 = r_5 = 2$, $r_3 = r_4 = 3$, $r_6 = 5$ und
$r_7 = 6$, dann ist $N = 11$ und die eindeutige Lösung ist $x_1 = x_5 = 0$,
$x_2 = x_4 = 2$, $x_3 = x_7 = 1$ und $x_6 = 5$. Beachte, daß, weil jede Gruppe
jede Woche genau zwei Tage frei hat, man mit $N$ Gruppen

$$
\sum_{i=1}^{7} r_i = 2N
$$

haben muß. Damit folgt durch Aufaddieren der Gleichungen (2.1)

$$
\sum_{j=1}^{7} x_j = \frac{1}{2} \sum_{i=1}^{7} r_i = N \; .
$$

Das bedeutet, daß wir einen rotierenden Arbeitsplan für jede Gruppe über genau $N$ Wochen aufstellen können. Im soeben gegebenen Beispiel mit $N = 11$ wird in Tabelle 2.1 ein rotierender 11-Wochen-Plan gezeigt, in dem „*" einen freien Tag bezeichnet. Dieses Diagramm mag entweder als Anordnung von freien Tagen für jede Gruppe über einen 11-wöchigen Zyklus gelesen werden (jede Zeile bezeichnet eine Woche), oder als Momentaufnahme in einer beliebigen Woche für die Tage, an denen die 11 verschiedenen Gruppen frei haben (jede Zeile steht dann für eine Gruppe). Sieht man den Plan als 11-Wochen-Arbeitsplan an, dann wiederholt sich der Plan in der zwölften Woche mit der ersten Zeile. Beachte auch, daß es möglich ist, die Zeilen in beliebiger Weise zu vertauschen. Die spezielle Anordnung von Tabelle 2.1 ist so ausgelegt, daß Monotonie für die Angestellten vermieden wird, indem eine Vielfalt von freien Tagen angeboten wird. Das Wichtigste daran ist, daß am $i$-ten Tag genau $n_i$ Einheiten bei der Arbeit sind, was unabhängig von Reihenvertauschungen ist.

**Tabelle 2.1**  Ein 11-Wochen-Arbeitsplan

|    | Mo | Di | Mi | Do | Fr | Sa | So |
|----|----|----|----|----|----|----|----|
| 1  |    | *  | *  |    |    |    |    |
| 2  |    |    |    |    |    | *  | *  |
| 3  |    | *  | *  |    |    |    |    |
| 4  |    |    |    |    |    | *  | *  |
| 5  |    |    | *  | *  |    |    |    |
| 6  |    |    |    |    |    | *  | *  |
| 7  |    |    |    | *  | *  |    |    |
| 8  |    |    |    |    |    | *  | *  |
| 9  |    |    | *  | *  |    |    |    |
| 10 |    |    |    |    |    | *  | *  |
| 11 | *  |    |    |    |    |    | *  |

Es kann passieren, daß die Werte $r_i$ in anderen Schichten verschieden sind, wie zum Beispiel zwischen 16:00 und 24:00 Uhr. In diesem Fall erhält man für diese Schicht mit demselben Argument eine unabhängige

**Lösung.**

Es kann somit erscheinen, daß die Sache damit zum Abschluß gebracht wurde. Aber da ist ein Haken an der Sache. Obwohl (2.1) immer eine eindeutige Lösung besitzt, kann sie unter Umständen nicht akzeptabel sein. Es ist wesentlich, daß alle Werte von $x_j$ positive ganze Zahlen sind, aber das ist in keiner Weise garantiert. Betrachten wir die Situation, in der alle $r_i = 1$ außer $r_5 = 2$. Dann wird $x_3 = \frac{1}{2}$, wie man leicht nachrechnet.

Es ist offenkundig, daß unsere Auswahl von Erholungstagen zu restriktiv war. Um dies einzusehen, vergrößern wir die Menge der möglichen Arbeitspläne dadurch, daß wir auch einen einzelnen freien Tag pro Woche zulassen. Nur Montag frei bekommt den Index $i = 8$, nur Dienstag den Index $i = 9$ usw. ($i = 8, \ldots, 14$) und diejenige Schicht, die nach dem $j$-ten Schichtplan arbeitet, wird mit $x_j$ bezeichnet. Da jetzt zum Beispiel Montag im ersten, siebten und achten Schichtplan erscheint, muß gelten

$$x_1 + x_7 + x_8 = r_1 \,,$$

und im allgemeinen Fall wird das System (2.1) ersetzt durch

$$
\begin{aligned}
x_1 \qquad\qquad\quad + x_7 + x_8 \qquad\qquad &= r_1 \\
x_1 + x_2 \qquad\qquad\quad + x_9 \qquad\quad &= r_2 \\
x_2 + x_3 \qquad\qquad\quad + x_{10} \quad &= r_3 \qquad (2.2) \\
\ddots \qquad\qquad\qquad \ddots \qquad\quad &\vdots \\
x_6 + x_7 \qquad\qquad\qquad + x_{14} &= r_7 \,.
\end{aligned}
$$

Offenbar gibt es immer eine nichtnegative ganzzahlige Lösung von (2.2). Es genügt, $x_i = 0$ für $i = 1, \ldots, 7$ zu setzen, dann wird $x_{i+7} = r_i$. Natürlich ist das keine für die Bediensteten zufriedenstellende Lösung, die jetzt nur einen einzigen Tag in der Woche frei hätten. Eine eher akzeptable Lösung wäre eine, in der die Anzahl der Sechstagewochen möglichst klein ist. Das führt uns auf das Problem, die Summe

$$\sum_{j=8}^{14} x_j \qquad (2.3)$$

33

zu minimieren, oder äquivalent dazu $\sum_{j=1}^{7} x_j$ zu maximieren unter
Berücksichtigung der Nebenbedingungen (2.2) und der Bedingung, daß
die $x_j$ positive ganze Zahlen sein sollen. Das ist das erste, aber nicht
letzte Beispiel in diesem Buch für ein Optimierungsproblem, das unter dem Namen ganzzahlige Optimierung bekannt ist. Im allgemeinen
sind diese Probleme schwierig zu lösen, aber im vorliegenden Fall kann
man die spezielle Struktur von (2.2) dazu nutzen, um einen kleinen Algorithmus aufzustellen, der für die Rechnung auf dem Papier geeignet
ist. Wir lassen die Details beiseite (siehe aber Übung 2.5.1), da unser
Hauptinteresse einem anderen Arbeitsplanproblem gelten soll.

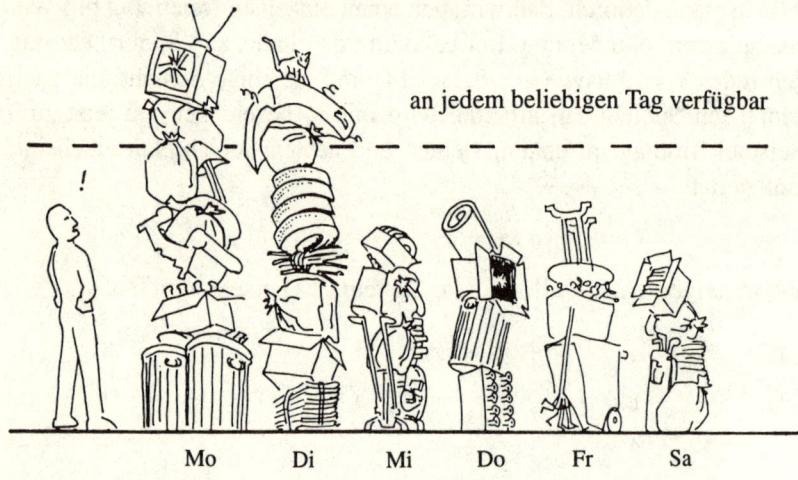

an jedem beliebigen Tag verfügbar

Mo    Di    Mi    Do    Fr    Sa

**Bild 2.1** Die Diskrepanz zwischen der Zahl der verfügbaren und der benötigten
Müllmänner zur Abfallentsorgung

Viele Jahre lang arbeiteten die New Yorker Müllmänner nach einem
rotierenden Sechstageplan, in dem jeder am Sonntag frei hatte und ein
zusätzliches Sechstel der Arbeitskräfte am Montag, ein weiteres Sechstel
am Dienstag und so weiter. Das bedeutete, daß – Sonntag einmal ausgenommen – nur $\frac{5}{6}$ der Arbeitskräfte an jedem beliebigen Tag verfügbar
waren. Aber in den siebziger Jahren wuchs der Bedarf an Müllentsorgung
sprunghaft an, so daß in Wirklichkeit $\frac{14}{15}$ der Müllmänner am Montag
und $\frac{9}{10}$ am Dienstag unterwegs sein sollten. Dadurch entstand eine Diskrepanz zwischen Bedarf und Verfügbarkeit an Müllmännern (Bild 2.1)

Diese Diskrepanz bewog die Stadtverwaltung, einen neuen Arbeitsvertrag auszuhandeln, der das Problem lösen sollte, ohne daß neue Arbeiter eingestellt werden mußten. Wie die Geschichte dann ablief, wird an anderer Stelle erzählt (vgl. die Literaturhinweise in Abschnitt 2.6), aber der für uns interessante Teil ist, wie eine Abänderung der Arbeitspläne das Ziel erreichen würde.

Ein Vorschlag war, den existierenden rotierenden Schichtenplan in 30 statt in 6 gleiche Gruppen aufzuteilen. Wir erinnern uns daran, daß $\frac{14}{15}$ der Müllmänner am Montag benötigt werden. Das bedeutet, daß 28 der $N = 30$ Gruppen an diesem Tag arbeiten sollten, oder in obiger Notation $n_1 = 28$ und $r_1 = N - N_1 = 2$. Die restlichen Wochentage haben $r$-Werte, wie sie aus der Praxis bestimmt wurden: $r_2 = 3$, $r_3 = 4$, $r_4 = 7$, $r_5 = 7$, $r_6 = 7$ und natürlich $r_7 = 30$.

Mit Rücksicht auf die Forderung, daß die Lösungen ganzzahlig sein müssen und mit Blick auf das obige Beispiel werden die zulässigen Arbeitspläne Sechstagewochen (nur der Sonntag ist frei) sowie zwei- oder dreitägige Wochenenden enthalten. Sei $x_i$ die Anzahl, wie oft ein Arbeitsplan vorkommt, bei dem Sonntag und Montag, Sonntag und Dienstag,..., Sonntag und Samstag frei ist ($i = 1, \ldots, 6$). Freitag-Samstag-Sonntag frei komme $x_7$-mal vor, Sonntag-Montag-Dienstag $x_8$-mal. Nur Sonntag frei wird schließlich mit $x_9$ bezeichnet.

Eigene Arbeitserfahrung und Vereinbarungen der Gewerkschaften lassen vermuten, daß wohl jeder Arbeiter im Durchschnitt zwei Tage pro Woche frei bekommen wird. Mit $N = r_7 = 30$ heißt das

$$\frac{1}{30} \sum_{i=1}^{7} r_i = 2 \, .$$

Da Montag sowohl im ersten als auch im achten Arbeitsplan erscheint, folgt wie oben $x_1 + x_8 = r_1$. Analoge Beziehungen gelten für die anderen Tage und wir bekommen

35

$$
\begin{aligned}
x_1 \quad & & + x_8 \quad & = r_1 \\
x_2 \quad & & + x_8 \quad & = r_2 \\
x_3 \quad & & & = r_3 \\
x_4 \quad & & & = r_4 \qquad (2.4)\\
x_5 \quad & + x_7 \quad & & = r_5 \\
x_6 + x_7 \quad & & & = r_6 \\
x_1 + x_2 + x_3 + x_4 + x_5 + x_6 + x_7 + x_8 + x_9 & = r_7 \, .
\end{aligned}
$$

Summiert man die Gleichungen (2.4) auf, so ergibt sich

$$
2 \sum_{j=1}^{8} x_j + x_7 + x_8 + x_9 = \sum_{j=1}^{7} r_j = 2N
$$

Aus der letzten Zeile von (2.4) und aus der Tatsache, daß $r_7 = N = 30$ ist, erhalten wir

$$
\sum_{j=1}^{9} x_j = 30 \, .
$$

Diese beiden Relationen zusammen ergeben

$$
x_7 + x_8 = x_9 \, . \qquad (2.5)
$$

Das heißt, es gibt genauso viele Sechstagewochen (in denen nur der Sonntag frei ist) wie es Arbeitswochen mit einem Dreitage-Wochenende gibt. An diesem Punkt halten wir inne und sehen, daß im ursprünglichen rotierenden Arbeitsplan eine Samstag-Sonntag-Montag-Kombination jede sechste Woche auftreten würde. Die Gewerkschaft würde natürlich gerne diese oder eine ähnliche Freizeitregelung auch in einem neuen Arbeitsplan beibehalten.

Seien wir anfangs etwas zurückhaltender und fragen nach demjenigen Plan mit der größtmöglichen Anzahl von Zweitage-Wochenenden. Das heißt, wir wollen $x_1 + x_6$ maximieren oder, mit Blick auf die Gleichungen (2.4), $r_1 + r_6 - x_7 - x_8$ maximieren. Die Lösung ist leicht zu finden, nämlich $x_7 = x_8 = 0$. Das ergibt $x_i = r_i$ für $i = 1, 2, \ldots, 6$ und die restlichen $x_i$ alle gleich Null. Das Ergebnis ist dann ein Arbeitsplan, der neun Zweitage-Wochenenden in 30 Wochen ergibt. Nicht schlecht! Der rotierende Arbeitsplan ist in Tabelle 2.2 dargestellt und muß in derselben Weise gelesen werden wie Tabelle 2.1.

**Tabelle 2.2**  Ein 30-Wochen-Arbeitsplan

| | Mo | Di | Mi | Do | Fr | Sa | So |
|---|---|---|---|---|---|---|---|
| 1 | | | | | | * | * |
| 2 | | * | | | | | * |
| 3 | | * | | | | | * |
| 4 | | * | | | | | * |
| 5 | * | | | | | | * |
| 6 | | | * | | | | * |
| 7 | | | * | | | | * |
| 8 | * | | | | | | * |
| 9 | | | * | | | | * |
| 10 | | | * | | | | * |
| 11 | | | | | | * | * |
| 12 | | | | * | | | * |
| 13 | | | | * | | | * |
| 14 | | | | | | * | * |
| 15 | | | | * | | | * |
| 16 | | | | * | | | * |
| 17 | | | | * | | | * |
| 18 | | | | | | * | * |
| 19 | | | | * | | | * |
| 20 | | | | * | | | * |
| 21 | | | | | | * | * |
| 22 | | | | | * | | * |
| 23 | | | | | * | | * |
| 24 | | | | | | * | * |
| 25 | | | | | * | | * |
| 26 | | | | | * | | * |
| 27 | | | | | * | | * |
| 28 | | | | | | * | * |
| 29 | | | | | * | | * |
| 30 | | | | | * | | * |

Indem man die Zeilen in Tabelle 2.2 passend vertauscht, kann man sogar sieben Zweitage- und zwei Dreitage-Wochenenden erreichen (Übung

2.5.3). Dies ist der Arbeitsplan, der auch schließlich in den Verhandlungen um einen neuen Arbeitsplan mit der Stadtverwaltung von New York angenommen wurde.

Kehren wir nun zum Ziel zurück, möglichst viele Dreitage-Wochenenden zu bekommen. Wir sehen unmittelbar aus (2.5), daß man dafür einen Preis bezahlen muß, denn man braucht dafür eine gleiche Anzahl von Sechstagewochen zum Ausgleich. Das war aber für die Stadtverwaltung nicht sehr attraktiv, da sie so Wochenendzuschläge für die zusätzlichen Tage einkalkulieren hätte müssen. Eine Kompromißlösung wäre eine Kombination von Zwei- und Dreitage-Wochenenden. Solch ein Kompromiß wurde dann nach langen Diskussionen dann auch festgelegt, nämlich der, der in Übung 2.5.3 behandelt wird.

Ein etwas formalerer Zugang zur Kombination von Zwei- und Dreitage-Wochenenden kann darauf aufgebaut werden, daß man den „Wert" eines Zweitagewochenendes auf $\frac{2}{3}$ desjenigen eines Dreitage-Wochenendes festlegt. Das Ziel ist in diesem Falle, die gewichtete Summe

$$\frac{2}{3}(x_1 + x_6) + x_7 + x_8 \qquad (2.6)$$

zu maximieren. Nach Gleichung (2.4) ist es gleichbedeutend,

$$r_1 + r_6 - \frac{1}{3}(x_1 + x_6)$$

zu maximieren. Die Lösung des Problems wird auf Aufgabe 2.5.2 verschoben, wo sich dann herausstellen wird, daß ausschließlich Dreitage-Wochenenden ausgewählt werden.

Wir können diese Beispiele zu einem allgemeinen Einteilungsproblem verallgemeinern. Angenommen, es gibt eine Liste von $M$ möglichen Freizeitregelungen und die $j$-te davon wird $x_j$-mal gewählt. Sei $A_{i,j} = 1$, falls der $j$-te Plan den Tag $i$ enthält und wir fordern, daß $Ax = r$, wobei die $r_i$ die Komponenten des Vektors $r$ sind, der die Anzahl von Gruppen angibt, die an diesem Tag frei haben; der Vektor $x$ wird aus den Komponenten $x_j$ gebildet. Das Problem ist also, die positiven ganzen Zahlen $x_j$ auszuwählen, so daß die gewichtete Summe

$$\sum_{j=1}^{M} c_j x_j$$

maximal wird, wobei die $c_j$ vorgegebene positive Größen sind. Die beiden oben betrachteten Beispiele sind Spezialfälle dieser Ganzzahl-maximierung.

## 2.3 Gerechte Verteilung

Während ihrer reichen Vergangenheit hat die Anzahl der Bundesstaaten der Vereinigten Staaten von Amerika von ursprünglich 13 auf heute 50 zugenommen, so daß es in jedem Augenblick $N$ Staaten mit Bevölke-rungszahlen $p_1, p_2, \ldots, p_N$ gab. Die Anzahl der Sitze im Abgeordneten-haus wuchs auch von ursprünglich 65 und hatte zu jedem Zeitpunkt der Geschichte den Wert $h$, der nie kleiner als $N$ war. Die Sitze sind unter den Staaten aufgeteilt, wobei der $i$-te Staat $a_i$ davon besitzt. Die Summe über die $a_i$ ist gleich $h$ und die $a_i$ müssen natürlich ganzzahlig sein und mindestens 1 pro Staat betragen. Der exakte Anteil an $h$, zu dem der Staat berechtigt ist, seine Quote $q_i$, ist einfach der Anteil von $h$, der der Bevölkerung dieses Staates proportional ist, nämlich

$$q_i = \frac{p_i h}{\sum_{i=1}^{N} p_i} \, .$$

Wir haben bereits das Dilemma erwähnt, in dem der Kongreß bei der Zuweisung dieser Quoten steckt: sie sind nicht notwendigerweise ganz-zahlig!

Über die Jahre wurde eine Reihe von Schemata vorgeschlagen, die zur Lösung dieses Problems beitragen sollen. Zuerst muß beachtet werden, daß jedes $q_i$, das kleiner als Eins ist, auf Eins aufgerundet werden muß. Da die Größe des Parlaments $h$ bleibt, müssen die verbleibenden $q_i$ entsprechend angepaßt werden. Dies bringt uns zur Definition einer gerechten Aufteilung $s_i$ als der größeren Zahl aus 1 bzw. $cq_i$, wobei $c$ so gewählt ist, daß die Summe der $s_i$ gerade $h$ ergibt. Ist zum Beispiel $h = 10$ und $N = 4$ mit Populationen 580, 268, 102 und 50 (Tausend), dann sind die Quoten $q_i$ gleich 5,80, 2,68, 1,02 und 0,5. Dem letzten Staat wird ein Sitz zugeteilt und die restlichen 9 Sitze werden unter den verbleibenden Staaten aufgeteilt, deren Quoten jetzt 5,49, 2,54 und 0,97 sind. Wiederum bekommt der letzte Staat genau einen Sitz, wobei noch 8 zum Aufteilen zwischen den verbleibenden zwei Staaten übrigbleiben, deren Quoten jetzt 5,47 und 2,53 sind. Damit ist $s_1 = 5,47$, $s_2 = 2,53$ und $s_3 = s_4 = 1$. Im Jahre 1792 schlug Alexander Hamilton vor, dem $i$-ten Staat den ganzzahligen Teil von $s_i$, der mit $[s_i]$ bezeichnet wird, zuzuteilen und die restlichen

$$h - \sum_{i=1}^{N} [s_i] = k$$

Sitze unter den Staaten mit den größten Resten aufzuteilen. Vom mathematischen Standpunkt heißt das, die ganzen Zahlen $a_i \geq 1$ so zu wählen, daß die Summe

$$\sum_{i=1}^{N} (a_i - s_i)^2 \tag{2.7}$$

minimiert wird unter der Nebenbedingung

$$\sum_{i=1}^{N} a_i = h \, , \tag{2.8}$$

was wiederum auch eine Ganzzahlminimierung ist. Im Endeffekt fragt man nach ganzzahligen Zuweisungszahlen $a_l$, die nie kleiner als Eins sind und die so nahe wie möglich bei der gerechten Aufteilung $s_i$ sind (die nicht ganzzahlig sein muß), in dem Sinne, daß die quadrierte Differenzensumme (2.7) minimal wird unter der Nebenbedingung (2.8). Dieses Problem erlaubt eine einfache Lösung, die – wie wir gleich sehen werden – identisch ist zum Vorschlag Hamiltons. Beginnen wir, jedem Staat einen Sitz zuzuteilen (die kleinstmögliche Anzahl). Offenkundig ist $1 = a_i \leq s_i$. Als nächstes geben wir demjenigen Staat einen Sitz, für den die Differenz

$$(a_i - s_i)^2 - (a_i + 1 - s_i)^2 = 2(s_i - a_i) - 1 \tag{2.9}$$

am größten ist. Der Kerngedanke dabei ist, daß $a_i$ nur im $i$-ten Term der Summe (2.7) erscheint und daß damit (2.7) am kleinsten wird, wenn wir eine zusätzliche Einheit zu demjenigen Term dazuzählen, der die Summe am meisten vergößert. Wenn wir auf diese Weise fortfahren, müssen wir jedem Staat insgesamt $a_i = [s_i]$ Sitze zuteilen. Der Grund dafür ist, daß die Addition von Eins die Summe (2.7) nur verringert, solange $a_{i+1} < s_i$ ist. Das ist so lange wahr, bis $a_i = [s_i]$. Danach werden mit Hilfe von (2.9) die restlichen $k$ Sitze verteilt, und zwar höchstens einer auf einmal an diejenigen Staaten, für die der Rest $s_i - [s_i]$ am größten ist.

Hamiltons Idee ist auf den ersten Blick gar nicht so schlecht und so wurde sie eine Zeitlang im letzten Jahrhundert angewandt. Schließlich stellte sich aber doch heraus, das sie einen Makel hat. Das geschah nach der Wahl von 1880, als Anzahl der Sitze von 299 auf 300 anwuchs. Der Bundesstaat Alabama hatte eine Quote von 7,646 bei 299 Sitzen und von 7,671 bei 300 Sitzen, während Texas und Illinois ihre Quoten von 9,640 und 18,640 auf 9,682 bzw. 18,702 erhöhen konnten. Alabama hatte ursprünglich 8 der 299 Sitze, aber die Anwendung der Hamiltonschen Methode auf $h = 300$ gab Texas und Illinois je einen weiteren Sitz. Da nur ein neuer Sitz hinzugekommen war, bedeutete das für Alabama, daß es einen seiner Sitze auf nunmehr 7 verlor. Diese paradoxe Situtation ergab sich auch in anderen Fällen und führte im Endeffekt dazu, daß Hamiltons Idee fallengelassen wurde. Was hier mißachtet wurde, war die Monotonie der Entwicklung der Sitzanzahl, die bei einer gerechten Aufteilung gewährleisten soll, daß kein Staat einen Repräsentanten verlieren sollte, wenn die Größe des Parlaments wächst.

Thomas Jefferson hatte 1792 eine andere Idee. Er empfahl, daß $a_i$ die größere Zahl von 1 und $\left[\dfrac{p_i}{x}\right]$ sein soll, wobei $x$ eine positive Zahl ist, die so gewählt wird, daß die Summe der $a_i$ gleich $h$ wird. Wie oben bezeichnet [...] wieder den „größten ganzzahligen Anteil". Die Rolle von $x$ ist, daß es ein einfacher Teiler der Bevölkerungszahl $p_i$ eines jeden Staates ist, so daß die Mandatzahl durch den Quotienten $p_i/x$ gegeben ist. Hat ein Staat eine größere Bevölkerungszahl als ein anderer, ist seine Mandatzahl nicht kleiner als die des kleineren Staates.

Jeffersons Methode kann auch anders formuliert werden. Sei $S$ die Untermenge aller Staaten, für die $a_i > 1$ ist. Dann gilt für jedes $i$ in $S$

$$1 < a_i = \frac{p_i}{x} - y_i \,,$$

wobei $0 < y_i < 1$ gleich Null ist, wenn $\frac{p_i}{x}$ ganzzahlig ist. Durch Gleichnamigmachen der Brüche ergibt sich

$$\frac{p_i}{a_i} - \frac{x}{a_i} < x = \frac{p_i}{a_i} - x\frac{y_i}{a_i} \leq \frac{p_i}{a_i} \,.$$

Das bedeutet, daß $x$ nicht über das Minimum von $p_i/a_i$ über alle $i$ in $S$ hinausgeht. Aus der linken Seite der Ungleichung erhalten wir $x > p_i/(a_i + 1)$. Falls $\left[\frac{p_i}{x}\right] \leq 1$ ist, dann ist $a_i = 1$ und damit $\frac{p_i}{x} < a_i + 1$. In allen Fällen ist $x$ größer als das Größte der $p_i/(a_i + 1)$. Insgesamt ergibt sich

$$\max_{\text{alle } i} \frac{p_i}{a_i + 1} < x \leq \min_{i \text{ in } S} \frac{p_i}{a_i} \,, \tag{2.10}$$

wobei min und max Abkürzungen sind für „Minimum von" und „Maximum von". Umgekehrt zeigt die rechte Seite der Ungleichung, daß $1 < a_i \leq p_i/x$ für alle $i$ in $S$, falls (2.10) erfüllt ist, wohingegen aus der linken Seite von (2.10) $a_{i+1} > p_i/x$ folgt. Daraus folgt $a_i = \left[\frac{p_i}{x}\right]$ für alle $i$ in $S$, sonst wäre $a_i + 1 \leq \frac{p_i}{x}$, was ein Widerspruch wäre.

Als Jeffersons Methode auf die Wahl von 1792 angewandt wurde, gab es dennoch eine Anomalie, bei der Virginias Quote von 18,310 mit 19 Sitzen belohnt wurde, während Delawares 1,613 nur einen Sitz ergaben. Der größere Staat war vor dem kleineren bevorzugt, eine Unausgewogenheit, die häufiger beobachtet wurde, als man Jeffersons Methode bei den fünf Wahlen zwischen 1792 und 1840 anwendete. John Quincy Adams schlug eine Änderung der Methode vor, jetzt sollte [...] „Aufrunden zur nächsten ganzen Zahl" bedeuten. Aber dies neigte dazu, die kleinen auf Kosten der größeren Staaten zu bevorzugen. Daniel Webster schlug 1832 einen Kompromiß vor, in dem [...] „Abrunden zur nächsten ganzen Zahl" bedeuten sollte. Mit einem ähnlichen Argument wie oben ergibt sich aus Websters Methode die Existenz eines $x$, für das

$$\max \frac{p_i}{a_i + \frac{1}{2}} \leq x \leq \min \frac{p_i}{a_i - \frac{1}{2}} \tag{2.11}$$

(vgl. Übung 2.5.5) und es schien so, als würde diese Methode bessere Resultate erzielen als diejenigen von Jefferson oder Adams. Tatsächlich kommt Websters Methode ziemlich weit in der Bemühung, ein ganzes Bündel von Gleichheitsgrundsätzen zu erfüllen, einschließlich der Monotonieforderung für die Anzahl der Parlamentssitze, wie Balinski und Young in ihrer sorgfältigen Diskussion zeigen[1]. Interessanterweise stellt Websters Ansatz, der nur während eines Jahrzehnts angewandt wurde, eine Ganzzahloptimierung dar. Um dies zu zeigen beachten wir zuerst, daß die Pro-Kopf-Vertretung für den Staat $i$ gerade $a_i/p_i$ ist, während die ideale Vertretung für alle Bundesstaaten zusammen $h/p$ ist, wobei $p$ die Populationen aller Bundesstaaten zusammen ist. Betrachten wir nun die Summe der quadrierten Differenzen von $a_i/p_i$ und $h/p$, die mit der Population des Staates $i$ gewichtet wird:

$$\sum_{i=1}^{N} p_i \left( \frac{a_i}{p_i} - \frac{h}{p} \right)^2 = \sum_{i=1}^{N} \frac{a_i^2}{p_i} - \frac{h^2}{p} \ . \tag{2.12}$$

Wählt man Zahlen $a_i > 1$, die (2.12) minimieren (natürlich unter der Bedingung, daß sie sich zu $h$ aufaddieren), dann bekommt man Websters Methode. Tatsächlich genügt es, wie wir aus (2.12) sehen, die Summe der $i^2/p_i$ zu minimieren, da $h^2/p$ konstant ist. Ist einmal eine optimale Wahl getroffen, dann kann ein Abgeben eines Sitzes von einem Staat $r$ an einen anderen Staat $s$ den Zahlenwert in (2.12) nicht verringern, wenn nur $a_r > 1$ ist. Läßt man die Sitzzahlen für alle anderen Staaten gleich, dann bedeutet die Abgabe des Sitzes

$$\frac{(a_r - 1)}{p_r} + \frac{(a_s + 1)^2}{p_s} \geq \frac{a_r^2}{p_r} + \frac{a_s^2}{p_s}$$

oder

$$\frac{p_r}{a_r - \frac{1}{2}} \geq \frac{p_s}{a_s + \frac{1}{2}} \ . \tag{2.13}$$

Ferner gilt

$$\min \frac{p_i}{a_i - \frac{1}{2}} < \max \frac{p_s}{a_s + \frac{1}{2}} \ ,$$

---

[1] Ihr Buch wird in Abschnitt 2.6 angegeben.

denn sonst würde es Zahlen $r$ und $s$ geben, für die (2.13) verletzt ist. Die Bedingung (2.11) ist damit erfüllt.

Obwohl die mathematische Bequemlichkeit oft die Wahl einer Zielfunktion in einem Minimierungsproblem nahelegt, sollen obige Beispiele die Überzeugung ins Wanken bringen, daß dies ohne Überlegung geschehen könne. Die Entscheidung, welche Funktion optimiert werden soll, muß sorgfältig mit Blick auf die beabsichtigte Anwendung getroffen werden. Ein weiteres Beispiel für diese Mehrdeutigkeit wird im nächsten Kapitel erörtert.

Wir beschließen den Abschnitt, indem wir das Problem der Wahlkreiseinteilung vom Anfang dieses Kapitels noch einmal aufnehmen, bei dem ein Staat mit $k$ Abgeordneten seine Landesfläche in Wahlkreise aufteilen muß. Diese Gebietsaufteilung ist mehr noch als die Sitzverteilung der Grund für politische Machtkämpfe, da sie direkt die Chancen eines Kandidaten berührt, in den Kongreß gewählt zu werden. Die ethnischen Voraussetzungen einer Umgebung können eine politische Partei gegenüber einer anderen begünstigen, und die Weise, wie die Grenzen der Wahlkreise festgelegt werden, beeinflußt das Gleichgewicht der Stimmen. Trotzdem kann man zumindest einen Teil des Problems mathematisch fassen, und obwohl die Formulierung etwas künstlich erscheint, ist sie manchmal bei der Aufgabe nützlich, ein Gebiet bezüglich verschiedener Dienstleistungen aufzuteilen, wie z. B. Schulämter, Postleitzahl-Gebiete oder Polizeibezirke.

Der Staat bestehe aus $N$ Bezirken und wir möchten $k$ aneinandergrenzende Wahlkreise daraus formen, die je einem der $k$ Sitze im Repräsentantenhaus entsprechen. Durch einen Blick auf die Landkarte seien $M$ im allgemeinen überlappende Wahlkreise aus den $N$ Bezirken gebildet worden, die die Regionen darstellen. Das Verfahren, wie diese Aufteilung tatsächlich gemacht wird, ist eine andere Angelegenheit, die ebenfalls formalisiert werden kann, aber wir lassen diesen Schritt hier genauso aus, wie wir weiter oben auch die Frage übergangen haben, wie die möglichen Arbeitspläne aufgestellt werden. Die einzige Forderung beim Zusammenfassen der $M$ Wahlkreise wird sein, daß sie möglich sind in dem Sinne, daß sie in der Form einigermaßen kompakt und nicht zu mißraten sein sollen (nicht zu sehr „gemauschelt") wie auch zusammenhängend (keine Enklaven).

Sei $a_{i,j} = 1$, falls der Teil $i$ zur $j$-ten Region gehört und $a_{i,j} = 0$ sonst. Außerdem sei $x_j = 1$, wenn die $j$-te Region tatsächlich als Wahlkreis ausgewählt wird, sonst ist $x_j = 0$. Die Bevölkerungszahl im Bezirk $i$ ist $p_i$, damit ist die Gesamtzahl der Bevölkerung in der Region $j$

$$p(j) = \sum_{i=1}^{N} a_{i,j} p_j .$$

Wenn $p$ die Gesamtbevölkerungszahl des Staates bezeichnet, dann sollte die Bevölkerungszahl eines jeden Wahlkreises idealerweise $p/k$ sein um gleiche Repräsentation zu erreichen. Zumindest sollten die $p(j)$ und $p/k$ so wenig wie möglich voneinander abweichen. Das führt auf das Ganzzahlminimierungsproblem, die Summe der quadrierten Abweichungen möglichst klein zu halten

$$\sum_{j=1}^{M} x_j \left( p(j) - \frac{p}{k} \right)^2 \to \text{Min}$$

unter der Nebenbedingung

$$\sum_{j=1}^{M} x_j = k ,$$

die gewährleistet, daß genau $k$ verschiedene Wahlkreise aus den $M$ möglichen geformt werden. Ob diese Formulierung irgendeinen praktischen Nutzen hat, darüber läßt sich streiten, aber zumindest ist das Problem auf klare und prägnante Weise formuliert und es hilft uns, die möglichen Zusammenhänge mit ähnlichen Aufteilungsproblemen zu erkennen.

## 2.4 Streckenpläne

Eine Stadt verfüge über einen Flotte von schweren Lastwagen, die den Abfall von Schulen, Krankenhäusern und anderen öffentlichen Gebäuden abholt, also überall dort, wo es große Abfallcontainer gibt, die auf den Wagen gehievt und der Müll dann gleich komprimiert werden kann. Wenn die Müllwägen voll sind, fahren sie zu einem Abladeplatz und wieder zurück, um den Müll an anderen Orten aufzunehmen. Auf diese Weise machen sie eine Anzahl von Hin- und Rückfahrten, die für jeden Wagen in Form eines täglichen Streckenplanes zusammengefaßt werden können, unter der Voraussetzung, daß die Gesamtzeit nicht den normalen Sechs- bis Achtstundentag überschreitet. Die Zusammenbindung von verschiedenen Hin- und Rückfahrten zu einer Mülldeponie, die eine tägliche Route unter Berücksichtigung der Zeitbeschränkung bilden, nennt man einen *einteilbaren Streckenplan*. Implizit ist darin enthalten, daß jede Tour weniger Zeit als die gesamte Schichtlänge bis zum Ende braucht, in Übereinstimmung mit der üblichen Situation, daß die Zeit die Zusammenfassung von verschiedenen Routen zu einer Tagestour einschränkt, während für die einzelnen Routen die Ladekapazität der Wagen der begrenzende Faktor ist. Üblicherweise braucht man mehr als einen Wagen, um alle Klienten täglich anzufahren und damit möchte man Streckenpläne ausarbeiten, die die kleinste Zahl von Lastwagen benötigen.

Angenommen, es wurde eine große Zahl $M$ von solchen möglichen Streckenplänen aus den einzelnen Hin- und Rückfahrten zusammengestellt, die alle $N$ Klienten bedienen. Normalerweise wird das „von Hand" gemacht, indem man sich den Stadtplan mit der zu versorgenden Gegend anschaut, obwohl es auch feinere Methoden gibt, die wir aber hier nicht betrachten wollen. Es wird wohl beträchtlichen Überlapp zwischen den $M$ Streckenplänen geben, weil es ja verschiedene Wege gibt, die Rundtouren zusammenzufügen, ohne das Zeitlimit zu überschreiten.

Da wir eine Auswahl von Streckenplänen wollen, die die kleinste Anzahl von Lastwagen benötigt, kann das als Optimierungsproblem gestellt werden. Im Sinne des Verteilungsproblems im letzten Abschnitt sei $a_{i,j} = 1$, falls der $i$-te Klient zum $j$-ten Plan gehört und $a_{i,j} = 0$ sonst. Sei zusätzlich $x_j = 1$, falls der Plan $j$ ausgewählt wurde, sonst $x_j = 0$. Dann möchte man die Summe

$$\sum_{j=1}^{M} x_j$$

minimieren unter der Nebenbedingung, daß der Aufladepunkt auf der einen oder anderen Route liegt:

$$\sum_{j=1}^{M} a_{i,j} x_j \geq 1$$

für $i = 1, 2, \ldots N$. Die zweite Ungleichung gewährleistet, daß alle $N$ Aufladepunkte angefahren werden.

Ein etwas anderes Streckenplanproblem ergibt sich aus der Tatsache, daß in der Praxis nicht alle Stationen gleich oft in der Woche angefahren werden. Vorerst wollen wir aber annehmen, daß der tägliche und der wöchentliche Streckenplan gleich sind, aber in einigen Gebieten bekommen die Klienten ihren Abfall montags, mittwochs und freitags (mmf) abgeholt, andere dienstags, donnerstags und samstags (dds), während die restlichen jeden Tag (außer Sonntags) bedient werden. In diesem Zusammenhang ist das Aufstellen eines Wochen-Streckenplanes abgekoppelt vom Finden eines täglichen Planes. Nimmt man an, daß es denjenigen Kunden, die dreimal in der Woche angefahren werden, nichts ausmacht, ob sie im mmf- oder dds-Plan enthalten sind, muß man also den Wochentagen einzelne Touren zuordnen, so daß die benötigte Anzahl von Fahrzeugen minimal wird. Anstatt dieses Problem direkt zu betrachten, wollen wir uns stattdessen auf die prinzipielle Frage konzentrieren, ob überhaupt wöchentliche Streckenpläne aufgestellt werden können.

Wir beginnen damit, ein Bündel von Rundfahrten zur Müllhalde und zurück zusammenzufassen, fast genauso wie vorher, nur daß wir sie entweder als „rote" oder „grüne" Tour bezeichnen, je nachdem, ob sie zu mmf oder dds gehört. Die einzige Bedingung ist, daß die täglichen außer Sonntag angefahrenen Punkte sowohl in der grünen als auch in der roten Tour enthalten sein müssen, aber auch nicht zweimal am Tag an drei Tagen der Woche besucht werden dürfen. Hierin kann eine Schwierigkeit liegen. Um dies einzusehen, bilden wir einen *Graphen* der Route, in dem die Ecken Touren bezeichnen und eine Kante immer dann zwischen zwei Ecken eingefügt wird, wenn die zugehörigen Touren einen täglich anzufahrenden Punkt gemeinsam haben. Beachte, daß ein Graph $G$ eine Menge von *Ecken* genannten Punkten ist, die durch *Kanten* genannte Geradenstücke verbunden sind.

Die täglich anzufahrenden Punkte müssen auf genau zwei Touren mit verschiedenen Farben liegen und somit müssen benachbarte Punkte[2] im Graphen der Route verschiedene Farben besitzen. Daß das nicht immer erreicht werden kann, ist im Graphen in Bild 2.2 gezeigt, wo wir sehen, daß die Forderung nach gleicher Leerungszahl pro Woche verletzt ist. In diesem Fall ist die Menge der Touren nicht einteilbar.

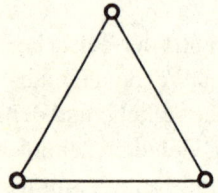

**Bild 2.2**
Der Graph einer Route, die nicht mit zwei Farben
einzufärben ist.

Allgemein wird die kleinste Zahl an Farben, die zur Färbung eines Graphen benötigt wird, so daß keine zwei nebeneinanderliegende Ecken dieselbe Farbe besitzen, die *chromatische Zahl* des Graphen genannt. Das folgende Resultat sagt uns, wann der Graph einer Route die chromatische Zahl 2 hat:

**Lemma 2.1** *Der Graph einer Route ist mit zwei Farben einfärbbar dann und nur dann, wenn er keine Zyklen ungerader Ordnung besitzt.*

*Beweis:* Angenommen, der Graph habe keinen Zyklus ungerader Ordnung. Das bedeutet, daß jede Rundreise von einer gegebenen Ecke aus entlang den Kanten des Graphen wieder zum Ausgangspunkt zurück über eine gerade Anzahl von Kanten führt. Man nehme irgendeine solche Ecke und färbe sie mit einer der beiden Farben, zum Beispiel rot. Dann färbe man alle dazu benachbarten Ecken grün ein. Dies wiederhole man, bis alle Ecken eingefärbt sind. Auf diese Weise wurde keine Ecke mit beiden Farben eingefärbt, weil das nur passieren kann, wenn es zwei Wege zwischen zwei Ecken gibt, wovon der eine eine gerade Anzahl von Kanten hat und der andere eine ungerade. Daraus folgt aber die Existenz eines Zyklus ungerader Länge im Widerspruch zur Voraussetzung. Umgekehrt müssen sich die Farben beim Durchlaufen eines Zyklus abwechseln, wenn der Graph mit zwei Farben gefärbt werden kann. Somit

---

[2]das sind Punkte, die durch Kanten miteinander verbunden sind. (A. d. Ü.)

muß die Länge eines solchen Zyklus gerade sein. □

Offenkundig besteht die Schwierigkeit bei dem Graphen in Bild 2.2 darin, daß er einen Zyklus ungerader Länge enthält. Generell können diese Schwierigkeiten auch mit anderen Serviceleistungen auftreten, die eine Bedienungshäufigkeit aufweisen müssen. Betrachtet man beispielsweise Punkte, die entweder montags und donnerstags (md), dienstags und freitags (df) oder mittwochs und samstags (ms) angefahren werden, oder an jedem Werktag. In diesem Fall werden die Streckenpläne mit drei verschiedenen Farben für die verschiedenen Bedienungshäufigkeiten eingefärbt, wobei die sechsmal in der Woche besuchten Punkte genau einmal in jeder Tour der drei Typen auftritt um sicherzustellen, daß sie jeden Tag einmal und nicht mehrmals in einer Untermenge der Tage bedient werden.

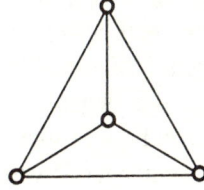

**Bild 2.3**
Der Graph einer Route, der nicht mit drei Farben
eingefärbt werden kann.

Wir bilden wie oben einen Graphen der Route, wobei Kanten diejenigen Punkte verbinden, die einen Punkt gemeinsam haben, der täglich angefahren werden muß, und färben alle Punkte entweder rot, grün oder blau. Offensichtlich kann die Bedingung der Bedienungshäufigkeit nur erfüllt werden, wenn der Graph der Route mit den drei Farben so gefärbt werden kann, daß benachbarte Ecken verschiedene Farben besitzen. Das heißt, daß der Graph die chromatische Zahl drei besitzen soll. Bild 2.3 zeigt, daß dies nicht generell möglich ist.

Eine interessante Frage ist, die chromatische Zahl eines Graphen zu bestimmen. Um dies zu können, definieren wir eine *unabhängige Menge* innerhalb eines Graphen als eine Untermenge der Ecken, so daß keine zwei davon benachbart sind. $j = 1, 2 \dots M$ zähle alle unabhängigen Mengen durch, die mit $I_j$ bezeichnet werden. Sei $a_{i,j} = 1$, falls die Ecke $i$ zu $I_j$ gehört, Null sonst. Dann möchte man die Anzahl der unabhängigen Mengen minimieren, die erforderlich sind, den Graphen vollständig zu bedecken. Einige der $I_j$ mögen dabei natürlich überlappen. Die mathematische Formulierung dieses Optimierungsproblems wird Übung 2.5.7 überlassen und ihre Lösung sagt uns, ob die Sammlung vorgegebener Touren einteilbar ist bezüglich der Bedienungshäufigkeit.

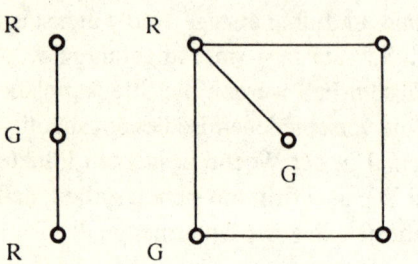

**Bild 2.4**
Der Graph einer Route mit einer der vier möglichen verschiedenen Zuordnungen.

Mit verschiedenen Bedienungshäufigkeiten wird das Problem, die minimale Anzahl von Müllwagen zu bestimmen, sogar noch schwerer. Angenommen, es existiert eine mögliche Färbung, dann muß man Tagesrouten festlegen, die alle Punkte, die auf mmf oder dds liegen und dabei noch die Zeitbeschränkung erfüllen. Betrachtet man beispielsweise den Graphen in Bild 2.4. Der Graph ist nicht zusammenhängend, weil es *a priori* keinen Grund dafür gibt, daß Rundtouren dieselben Punkte täglicher Bedienung gemeinsam haben müssen. Weil es keine Zyklen ungerader Länge gibt, sagt uns Lemma 2.1, daß er mit zwei Farben eingefärbt werden kann. Es gibt offensichtlich vier Arten, den Graphen zu färben, von denen eine in der Abbildung eingezeichnet ist.

Nimmt man an, daß jeder Lastwagen nur zwei Touren pro Tag fahren kann, dann bedeutet Zuordnung von rot und grün, daß man entweder jeden Tag zwei Lastwagen oder jeden zweiten Tag drei Lastwagen braucht, und somit muß die Aufgabe, die kleinste Zahl von Fahrzeugen herauszufinden, die Wahl der Kolorierung mit in Betracht ziehen. Das werden wir aber nicht weiter verfolgen.

## 2.5 Übungen

**2.5.1** Ein Algorithmus, der (2.3) unter Berücksichtigung der Nebenbedingungen (2.2) minimiert, ist leicht gefunden. In (2.2) beobachten wir, daß

$$x_j = r_j - x_{j+7} - x_{j-1} \leq r_j - x_{j-1} \quad j = 1, \ldots 7 \,,$$

wobei $x_0 = x_7$ gesetzt wurde. Dieselben Gleichungen zeigen auch, daß

$$x_j \leq r_{j+1}$$

für alle $j$ gilt. Definiert man nun

$$x_j = \min\{r_j - x_{j-1}, r_{j+1}\} \,, \tag{2.14}$$

wobei $r_8 = r_1$ gesetzt wird. Die letzte der Gleichungen in (2.2) besagt, daß

$$x_7 \leq \min\{r_1, r_7\} \tag{2.15}$$

und somit sind alle $x_j$ positiv für alle $j$. Der Algorithmus beginnt damit, daß ein Anfangswert für $x_0$ in Gleichung (2.14) gewählt wird, nämlich $x_7$. Aus (2.15) gibt es nur eine endliche Anzahl von Möglichkeiten. Da $x_j$ den größtmöglichen Wert für $j = 1, 2, \ldots, 7$ annimmt, genügt es, (2.12) auf jeden Anfangswert von $x_0$ anzuwenden und damit die zugehörige Summe über die $x_j$ auszurechnen, um so die größtmögliche Summe herauszufinden. Dieselbe Wahl minimiert auch (2.3), da (2.14) immer den Wert $r_j - x_{j-1}$ annimmt (außer es wird auf den kleineren Wert $r_{j+1}$ festgelegt) und damit muß $x_{j+7}$ verschwinden. Andernfalls ist $x_{j+1}$ nichtnegativ (zeige dies!).

Teste diesen Algorithmus für den Fall $r_1 = 5$, $r_2 = r_5 = 2$, $r_3 = 6$, $r_4 = r_6 = 3$ und $r_7 = 1$. Wir finden heraus, daß $x_0$ entweder Null oder Eins ist und damit hat das ganzzahlige Optimierungsprogramm genau zwei Lösungen.

**2.5.2** Bestimme das Maximum der gewichteten Summe (2.6) mit Berücksichtigung der Nebenbedingungen (2.4) und erhalte somit eine Lösung für das Müllmänner-Problem. Beachte, daß $r_1 = 2$, $r_2 = 30$, $r_3 = 4$, $r_4 = r_5 = r_6 = 7$, $r_7 = 30$. Zeige, daß man dieselbe Lösung erhält, wenn man die Anzahl der Dreitage-Wochenenden maximiert. Stelle für jeden Bediensteten einen rotierenden 30-Wochen-Arbeitsplan auf. Zeige, daß $x_9 = 9$.

Beachte, daß wir ganzzahlige nichtnegative Lösungen $x_j$ suchen. Zeige, daß für beliebige Wahl der $r_i$ die größte Anzahl der Dreitage-Wochenenden, also das Maximum von $x_7 + x_8$ gegeben ist durch

$$\min\{r_1, r_2\} + \min\{r_5, r_6\} .$$

**2.5.3** Durch Vertauschen der Zeilen in Tabelle 2.2 ist es möglich, vier Dreitage-Wochenenden und sieben Wochenenden aus zwei freien Tagen zusammenzubringen, ohne daß Sechstagewochen notwendig sind.

**2.5.4** Vervollständige das Ganzzahl-Optimierungsproblem für die Suche nach der chromatische Zahl eines Graphen aus Abschnitt 2.4.

**2.5.5** Beweise die Ungleichungen (2.11), die Websters Verteilungsmethode definieren. Hinweis: Verfahre analog zur Herleitung von (2.10) im Text.

**2.5.6** Angenommen, $N$ Kunden teilen sich eine öffentliche Einrichtung wie ein Wasserreservoir. Die Kosten des Dienstes müssen als Gebühren gerecht auf die Benutzer verteilt werden. Diese Fragestellung ist ähnlich der der Wahlkreis-Aufteilung und ist weitverzweigt (siehe z. B. das Buch *Cost Allocation* von P. Young (Hrsg.), North-Holland 1985). Wir berühren nur eine Aspekt daraus.

Sei $S$ eine Untermenge der $N$ Benutzer und $C(S)$ die Mindestkosten, um alle Kunden in $S$ effektiv zu bedienen. Für leeres $S$ sind die Kosten Null. Seien $x_i$ die auf den Kunden $i$ zufallenden Kosten, dann verlangen wir den Kostenausgleich

$$\sum_{i=1}^{N} x_i = C(N) \, .$$

Da die $N$ Kunden mit dem Ziel zusammenarbeiten, sich den Dienst weiterhin zu erhalten, scheint es sinnvoll zu fordern, daß kein Teilnehmer oder keine Gruppe von Teilnehmern mehr belastet wird als gerade notwendig ist, um den Service aufrechtzuerhalten:

$$\sum_{i \, \text{in} S} x_i \leq C(S) \, . \tag{2.16}$$

Eine ähnliche Idee ist, daß kein Teilnehmer einer Untergruppe der Teilnehmer durch mehr belastet werden darf als die Kosten, die durch seine Aufnahme in die Gemeinschaft entstehen. Da die Mehrkosten gerade $C(N) - C(N - S)$ sind, fordern wir, daß

$$\sum_{i \, \text{in} S} x_i \geq C(N) - C(N - S) \, . \tag{2.17}$$

Die Ungleichung (2.14) beschreibt die Motivation für die freiwillige Teilnahme und (2.15) den Gleichheitsgrundsatz, da, falls die Ungleichung durch irgendeine Untergruppe $S$ der Benutzer verletzt würde, $S$ privilegiert gegenüber den anderen $N - S$ Benutzern wäre. Im Endeffekt bedeuten diese Ungleichungen zusammen, daß die Individuen eine Vereinigung gebildet haben um sich Kosten wie auch Vorzüge zu teilen. Zeige, daß (2.14) und (2.15) äquivalent sind.

**2.5.7** Der Tag für die Besatzung einer Polizeiwache wird in 6 Schichten in folgender Weise aufgeteilt, um den durchschnittlichen Bedarf zu decken:

| Schicht | notwendige Anzahl von Beamten |
|---|---|
| Mitternacht - 2 Uhr | 6 |
| 2 Uhr - 8 Uhr | 4 |
| 8 Uhr - Mittag | 5 |
| Mittag - 16 Uhr | 6 |
| 16 Uhr - 18 Uhr | 8 |
| 18 Uhr - Mitternacht | 10 |

Jeder Beamte arbeitet 8 Stunden nacheinander, damit gibt es nur vier mögliche Arbeitszeiten, die diese Forderung erfüllen, wie man leicht aus obiger Tabelle abliest. Sei $A_{i,j} = 1$ , falls die $i$-te Schicht in der $j$-ten Arbeitszeit enthalten ist, sonst ist $A_{i,j} = 0$. $x_j = 1$, wenn die $j$-te Arbeitszeit gewählt wurde, sonst 0. Formuliere und löse das Ganzzahl-Optimierungsproblem, die minimale Anzahl von Beamten zu finden, die täglich gebraucht werden unter der Bedingung, daß die $i$-te Schicht während jeder Arbeitszeit mindestens $n_i$-mal abgedeckt ist, wobei $n_i$ die Zahl der benötigten Polizeibeamten nach obiger Tabelle bezeichnet. Wenn jeder Beamte genau fünf Tage pro Woche arbeit, wie groß muß dann die gesamte Mannschaft sein, um eine volle Woche abzudecken?

## 2.6  Weiterführende Literatur

Die veränderten Arbeitspläne der New Yorker Müllarbeiter wurden in einem Vertrag im Jahre 1971 vereinbart und – nach der New York Times – „beschrieben Vertreter der Stadtverwaltung den neuen Vertrag als einen großen Durchbruch in den Arbeitsbeziehungen der Stadt, da Gehaltserhöhungen verbunden wurden mit verschiedenen Voraussetzungen, um die Produktivität zu erhöhen" (11. 2. 1971 und 17. 11. 1971). Die ganze Geschichte wird im Aufsatz [1] erzählt. Eine mathematische Erläuterung für die Erstellung von Arbeitsplänen findet sich in [2].

Das Verteilungsproblem für den US-Kongreß wird auf fesselnde Weise im Buch [3] diskutiert. Eine verborgene Falle bei der Aufstellung von Optimierungsmodellen wurde in Abschnitt 2.3 aufgespürt, wo wir sahen, daß ein formales Minimum wenig oder gar keine Hilfe brachte im zugrundeliegenden Problem der gerechten Aufteilung.

Die Probleme bei der Wahlkreiseinteilung wird durch die schlechten Erfahrungen von Kalifornien beleuchtet, das 7 neue Sitze bei der letzten Kongreßwahl hinzugewonnen hatte, was insgesamt 52 Abgeordnete im Kongreß von 1992 ergab (New York Times, 3. März 1991).

Die Streckenpläne werden in Arbeiten [4] und [5] behandelt und beruhen zumindest teilweise auf Erfahrungen mit der New Yorker Stadtreinigung.

# Kapitel 3
## ... und währenddessen brennt die Stadt

## 3.1 Einleitung

Was als ein kleine Stichflamme auf dem Herd begann, breitete sich schnell auf das hölzerne Buffet aus, und der Raum ist von Rauch erfüllt. Ein geistesgegenwärtiger Mitbewohner wählt den Feuerwehr-Notruf und innerhalb weniger Minuten hält die Feuerwehr mit heulenden Sirenen vor dem Haus und der Wohnungsbrand ist schnell unter Kontrolle. Szenen wie diese spielen sich jeden Tag in großen und kleinen Städten im ganzen Land ab und sind uns wohlbekannt. Aber manchmal sind die Konsequenzen schlimmer und es kann erheblichen Sach- und Personenschaden geben. Diese Verluste zu verringern, wenn nicht gar ganz zu vermeiden, ist die wichtigste Aufgabe der Feuerwehr, deren Größe und Organisationsform den Dienstleistungen angepaßt sein muß, die von ihr verlangt werden. Brandversicherungen und Stadtverwaltungen vereinbaren eine minimale Abdeckung, um auch in Phasen eskalierenden Bedarfes – speziell in den innerstädtischen Ghettos – alle Notrufe verfolgen zu können. Haushaltskürzungen der Städte sowie das allgemeine Engerschnallen des finanziellen Gürtels machen es wenig wahrscheinlich, daß noch mehr Personal für die Feuerbekämpfung auf die Gehaltslisten gesetzt werden kann und fordert somit den Kommandanten und seine Mitarbeiter heraus, den Einsatz der verfügbaren Kräfte neu zu überdenken, um ihn effektiver zu gestalten. Obwohl wir uns hier auf die Feuerwehr konzentrieren, trifft dieselbe mißliche Lage auf praktisch alle öffentlichen Dienste wie Unfallrettung, Polizei oder technische Notdienste zu.

Die Zahl der Feuerwehreinheiten und ihre räumliche Verteilung beeinflussen die Fähigkeit, auf einen Alarm in angemessener Zeit zu antworten, aber es ist schwer festzustellen, wie sehr. Eine Verdopplung der

Feuerwehreinheiten beispielsweise wird wohl die Antwortzeit verringern, aber über die Größe des Effekts läßt sich streiten. Trotzdem ist die Antwortzeit, also diejenige Zeitspanne, die zwischen dem Auslösen des Alarms und dem Augenblick vergeht, in dem das erste Löschkommando am Brandort eintrifft, ein gutes näherungsweises Maß dafür, wie eine Umorganisation der Löschkommandos die Qualität erhöhen und Unglücksfälle vermeiden kann. Das führt uns auf das Problem, wie bei fester Anzahl von Löschmannschaften die Feuerwehreinheiten auf die verschiedenen Stadtviertel verteilt werden müssen, um die Antwortzeit zu minimieren. Dies wird in den Abschnitten 3.3 und 3.4 betrachtet.

Üblicherweise gehören zwei Einheiten zu einem Löschzug, eine Versorgungseinheit, die die Schläuche an den Hydranten anschließt und für die Wasserversorgung zuständig ist, und eine Hilfseinheit, die in das brennende Gebäude eindringt. Für beide Einheiten gelten aber ähnliche Betrachtungen; wir werden nicht zwischen ihnen unterscheiden.

Die Zahl der Notrufe fluktuiert über den Tag und unterscheidet sich merklich zwischen dichtbesiedelten Gebieten in den Stadtzentren und den spärlicher besiedelten Bereichen am Stadtrand. Während Spitzenzeiten, zumeist am späten Nachmittag und Abend, sind manche Löscheinheiten im Einsatz und können damit nicht sofort auf einen erneuten Alarm antworten. Die Zeitspanne, während derer eine Einheit beschäftigt ist, vom Moment ihrer Anforderung bis sie wieder einsatzbereit ist, ist ebenfalls schlecht vorauszusagen. Aus diesem Grund werden die Einsatzprobleme mit Hilfe von Zufallsvariablen beschrieben; über die dazu notwendige Mathematik wird im nächsten Abschnitt ein Überblick gegeben.

Die Feuerwehreinheiten werden in Feuerwachen stationiert (manchmal mehr als eine in einer Wache), die in Stadtteilen liegen, in denen vermutlich die Feuer ausbrechen. Weil sich im Laufe der Jahre die Bevölkerungsstruktur verändert, sind heute einige dieser Wachen ungünstiger plaziert als ursprünglich vorgesehen, aber im Durchschnitt werden mehr Einheiten in Gebieten mit hohem Bedarf stationiert (wie die zentralen Geschäftsviertel) und beispielsweise weniger in reinen Wohngebieten. Trotzdem kann ein Wohngebiet stark feuergefährdete Objekte enthalten wie Schulen, und die Bewohner dieser Gebiete werden für die geringe Zahl an Brandfällen mit gröber verteilten Feuerwachen bestraft und damit mit längeren Antwortzeiten. Dieses Ungleichgewicht in der Abdeckung kann ausgeglichen werden, indem man einige Einheiten aus Gebieten mit hoher Alarmzahl in Wohngebiete verlegt, aber damit schafft man ein Ungleichgewicht in der Belastung bei der Feuerbekämpfung, da jene mehr Notrufe annehmen müssen als die in den schwächer besiedelten Stadtteilen. Wir sehen, daß es verschiedene, möglicherweise gegenläufige, „Fairness"-Kriterien gibt, die einen an verschiedene Fälle aus dem letzten Kapitel erinnern. Der Ausgleich zwischen diesen Zielen wird noch einmal in Abschnitt 3.4 zusammen mit anderen Einsatzproblemen behandelt. Die Analyse dieser Probleme beruht auf Arbeiten des Rand Institute in New York, die bereits mehr als zwanzig Jahre zurückliegen (vergleiche die Literaturhinweise in Abschnitt 3.6).

## 3.2  Poissonprozesse

Eine Folge von Ereignissen geschehe zu zufälligen Zeitpunkten und wir zählen ihre Anzahl $N(t)$, die bis zur Zeit $t$ stattgefunden hat. Mit Blick auf die Anwendungen weiter unten in diesem Kapitel stellen wir uns unter $N(t)$ die Anzahl von Notrufen vor, die an einer zentralen Leitwarte bis zur Zeit $t$ eingehen (sowohl per Telefon als auch per Notrufsäulen). $N(t)$ ist eine positive, ganzzahlige Zufallsvariable, die die Relation $N(s) \leq N(t)$ für $s < t$ erfüllt, sowie $N(0) = 0$.

Angenommen, die Zahl der Notrufe, die in disjunkten Zeitintervallen einlaufen, sei statistisch unabhängig. Diese Annahme heißt *unabhängige Inkremente* und ist wohl bei Brandfällen nicht streng erfüllt, da ein Notruf, der nicht sofort beantwortet wird, einen kleinen Küchenbrand zu einem gefährlichen Feuer anwachsen lassen kann, was wieder eine ganze Flut von anderen Notrufen während einer gewissen Zeitspanne auslöst. Dennoch erscheint diese Hypothese meistens gerechtfertigt.

Wir nehmen außerdem an, daß die Wahrscheinlichkeitsverteilung der Anzahl von Notrufen während eines Zeitintervalls nur von der Länge des Intervalls abhängt und nicht, wann es beginnt. Mit anderen Worten soll die Zahl der Notrufe im Intervall $(t_1 + s, t_2 + s)$, nämlich $N(t_1 +$

$s) - N(t_2 + s)$ genau dieselbe Vertteilung besitzen wie die Notrufe im Zeitintervall $(t_1, t_2)$, nämlich $N(t_1) - N(t_2)$ für alle $t_1 < t_2$ und $s > 0$. Diese Bedingung der *stationären Inkremente* ist bei Bränden verletzt, da die Anzahl der Brände mit der Tageszeit variiert. Trotzdem kann man diese Bedingung mit realen Beobachtungen in Einklang bringen, wenn man sich auf die Spitzenzeiten beschränkt, in denen die Notrufrate ziemlich konstant ist.

Wir definieren nun einen *Poissonprozeß* (nach dem französischen Mathematiker S. Poisson) als einen Zählprozeß mit stationären und unabhängigen Inkrementen, für die die Wahrscheinlichkeitsverteilung der Zufallsvariablen $N(t)$

$$p(N(t) = k) = \frac{(\lambda t)^k}{k!}\, e^{-\lambda t} \qquad (3.1)$$

für $k = 0, 1, \ldots$ ist. Die Konstante $\lambda$ heißt aus Gründen, die bald klar werden, die *Rate* des Prozesses. Beachte, daß wegen der Bedingung der stationären Inkremente gilt: $p(N(t + s) - N(s) = k) = p(N(t) = k)$.

Der Ausdruck $o(t)$ bezeichne Terme in $t$ zweiter oder höherer Ordnung. Diese Terme können vernachlässigt werden, wenn $t$ klein genug ist. Aus (3.1) erhalten wir

$$p(N(t) = 1) = \lambda t\, e^{-\lambda t} = \lambda t(1 - \lambda t + \tfrac{1}{2}(\lambda t)^2 - \cdots) = \lambda t + o(t)$$

und analog

$$p(N(t) \geq 2) = 1 - p(N(t) = 0, 1) = o(t)\,.$$

Diese Gleichungen zeigen, daß wenn $t$ klein genug ist, die Wahrscheinlichkeit für ein Ereignis in einem Intervall der Länge $t$ vernachlässigbar ist und die Wahrscheinlichkeit für ein einziges Ereignis grob gleich ist zu $\lambda t$.

Der Erwartungswert von $N(t)$ kann leicht berechnet werden zu $\lambda t$ (Übung 3.5.1), was uns erlaubt, $\lambda$ als die durchschnittliche Anzahl von Ereignissen pro Zeiteinheit zu interpretieren. Das und eine Anzahl von anderen Eigenschaften der Poissonverteilung kann in jedem beliebigen Buch über stochastische Prozesse gefunden werden (vgl. z. B. den Hinweis auf das Buch von Ross in Abschnitt 3.6) oder aber als Übung leicht berechnet werden.

Wenn $m$ Poissonprozesse gleichzeitig und unabhängig stattfinden, so verwundert es nicht, daß ihre Summe ebenfalls ein Poissonprozeß ist:

**Lemma 3.1** *Seien $N_i(t)$ die Zufallsvariablen zu unabhängigen Poisson-prozessen mit den Raten $\lambda_i$ für $i = 1, 2, \ldots m$. Dann ist die Summe $N(t) = N_1(t) + N_2(t) + \cdots + N_m(t)$ ebenfalls ein Poissonprozeß mit der Rate $\lambda = \lambda_1 + \lambda_2 + \cdots + \lambda_m$.*

*Beweis:* Beginnen wir mit dem Fall $m = 2$. Da das Ereignis $N(t) = k$ auf $k + 1$ disjunkte Arten geschehen kann, nämlich $N_1(t) = i$ und $N_2(t) = k - i$ für $i = 0, 1, \ldots k$, summieren wir über die $k+1$ Ereignisse und erhalten

$$p(N(t) = k) = \sum_{i=0}^{k} p(N_1(t) = i, N_2(t) = k - i)$$

(vgl. Anhang A). Darüber hinaus sind die verschiedenen Zählprozesse statistisch unabhängig, damit wir die letzte Summe zu

$$\sum_{i=0}^{k} \frac{(\lambda_1 t)^i \, e^{-\lambda_1 t} (\lambda_2 t)^{k-i} \, e^{-\lambda_2 t}}{i!(k-i)!} = \frac{t^k \, e^{-(\lambda_1 + \lambda_2)t}}{k!} \sum_{i=0}^{k} \frac{k! \lambda_1^i \lambda_2^{k-i}}{i!(k-i)!}$$

$$= \frac{t^k}{k!} (\lambda_1 + \lambda_2)^k \, e^{-(\lambda_1 + \lambda_2)t}$$

unter Verwendung des Binomischen Lehrsatzes. Nun schreiten wir per Induktion fort. Wenn die Summe der ersten $m - 1$ Prozesse bereits ein Poissonprozeß ist, müssen wir nur den letzten zu dieser Summe hinzuzählen, was wieder den oben betrachteten Poissonprozeß ergibt. $\square$

Eine kontinuierliche Zufallsvariable $T$ heißt *exponentialverteilt* mit *Rate* $\mu$, falls

$$p(T \leq t) = \begin{cases} 1 - e^{-\mu t} & t \geq 0 \\ 0 & t < 0 \end{cases} \tag{3.2}$$

Den Erwartungswert von $T$ bestimmt man leicht zu $1/\mu$ (Übung 3.5.1).

$T_1, T_2, \ldots$ sollen die Zeitspannen zwischen zwei aufeinanderfolgenden Ereignissen eines Poissonprozesses bezeichnen. Man sieht leicht ein, daß

$$\sum_{i=1}^{k} T_i \leq t \text{ dann und nur dann, wenn } N(t) \geq k \ . \qquad (3.3)$$

Im Spezialfall $k = 1$ sehen wir somit, daß $p(T \leq t) = 1 - \mathrm{e}^{-\mu t}$ ist und damit daß $T_1$ exponentialverteilt ist.

Darüberhinaus gilt allgemein, daß die $T_i$ unabhängige und identisch exponentialverteilte Zufallsvariablen sind. Diese Aussage beweisen wir hier nicht, da sie weiter unten nur gelegentlich benützt wird, obwohl es nicht schwer ist (siehe z. B. Kapitel 5 im Buch von Ross, das in in Abschnitt 3.6 angegeben ist). Aus diesem Grund müssen wir nicht angeben, welche Lücke zwischen zwei Ereignissen wir meinen; $T$ bezeichnet einfach die Zeitdauer dazwischen.

Angenommen, man beginnt einen Poissonprozeß zu einer zufälligen Zeit $s > 0$ zu beobachten und wartet dann, bis der erste Notruf auftritt. Die Zeitspanne zwischen zwei aufeinanderfolgenden Notrufen ist sozusagen durch das Auftreten eines Beobachters unterbrochen. Es ist bemerkenswert, daß die Zeitdauer bis zum nächsten Ereignis, wie sie vom Beobachter gesehen wird, dieselbe Eponentialverteilung besitzt wie die Dauer des nicht unterbrochenen Intervalls. Diese Eigenschaft heißt die „Gedächtnislosigkeit"; sie bedeutet, daß ein vergangenes Ereignis keine Auswirkung auf die Zukunft besitzt. Mehr mathematisch ausgedrückt ist die bedingte Wahrscheinlichkeit für eine Zeitspanne größer als $t + s$ unter der Voraussetzung, daß bis zum Zeitpunkt $s$ kein Notruf kam, genauso groß wie die unbedingte Wahrscheinlichkeit für eine Lücke länger als $t$:

$$p(T > t + s \mid T > s) = p(T > s) \text{ für alle } s, t > 0 \ . \qquad (3.4)$$

Mit Hilfe der Definiton für die bedingte Wahrscheinlichkeit (siehe Anhang A für eine Übersicht) ist (3.4) äquivalent zu

$$\frac{p(T > t + s, T > t)}{p(T > t)} = p(T > s) \ ,$$

oder, auf andere Weise ausgedrückt,

$$p(T > t + s) = p(T > t)p(T > s) \ .$$

61

Die letzte Gleichung ist sicherlich erfüllt, wenn $T$ exponentialverteilt ist.

Angenommen, es gibt zwei zusammenfallende, unabhängige Poissonprozesse. Ein geduldiger Beobachter wird das nächste Ereignis entweder vom einen oder vom anderen Prozeß beobachten. Die Wahrscheinlichkeit, daß das nächste Ereignis tatsächlich vom Prozeß $i$ stammt $(1 \leq i \leq 2)$, ist $\lambda_i/\lambda$, wobei $\lambda$ gleich der Summe $\lambda_1 + \lambda_2$ ist. Wir beweisen dies mit Hilfe zweier Zeitspannen $T$ und $T'$ für zwei simultane Poissonprozesse:

**Lemma 3.2** *Seien $T$ und $T'$ zwei unabhängige und exponentialverteilte Zufallsvariablen mit Raten $\mu_1$ und $\mu_2$. Diese definieren die Zeitspannen zwischen je zwei Ereignissen für zwei Poissonprozesse mit Raten $\mu_1$ und $\mu_2$. Die Wahrscheinlichkeit für ein Ereignis vom i-ten Prozeß ist $\mu_i/\mu$, wobei $\mu$ die Summe von $\mu_1$ und $\mu_2$ ist.*

*Beweis:* Sei $i = 1$. Ein analoges Argument gilt auch für $i = 2$. Wir müssen $p(T < T')$ berechnen. Die Dichte der Variablen $T'$ ist $\mu_2\,\mathrm{e}^{-\mu_2 t}$, somit wird die bedingte Wahrscheinlichkeit bezüglich der Variablen $T'$

$$p(T < T') = \int_0^\infty p(T < T'|T' = s)\mu_2\,\mathrm{e}^{-\mu_2 s}\,\mathrm{d}s\ .$$

Da aber $T$ und $T'$ voneinander unabhängig sind, wird aus dem letzten Integral

$$\int_0^\infty p(T < s)\mu_2\,\mathrm{e}^{-\mu_2 s}\,\mathrm{d}s = \int_0^\infty (1 - \mathrm{e}^{-\mu_1 s})\mu_2\,\mathrm{e}^{-\mu_2 s}\,\mathrm{d}s = \frac{\mu_1}{\mu}\ .$$

$\square$

Die Zeitspanne vom Eintreffen eines Notrufes in der Leitzentrale bis schließlich ein Löschzug am Brandort eingetroffen ist und seine Brandbekämpfung beendet hat, heißt die *Servicezeit*. Wir nehmen an, daß die aufeinanderfolgenden Servicezeiten einer speziellen Einheit einen Poissonprozeß defininieren, in dem der $k$-te Notruf einläuft, wenn das $(k-1)$-te Ausrücken beendet ist. Zeiten, in der die Einheit gar nicht im Dienst ist, zählen dabei natürlich nicht mit. Obige Diskussion zeigt uns, daß aufeinanderfolgende Ausrückzeiten unabhängig exponentialverteilte Variablen sind. Die Servicezeiten einer Feuerwehreinheit sind in Wirklichkeit nicht exponentialverteilt, aber die Ergebnisse, die man mit dieser Annahme erhält, sind hinreichend verwandt mit jenen aus der Praxis, wie wir später sehen werden.

Die Feuerwehreinheiten arbeiten mehr oder weniger unabhängig voneinander, und wenn $m$ von ihnen im Einsatz sind, dann sind das $m$ unabhängige und in gleicher Weise poissonverteilte Zufallsprozesse mit Rate $\mu$ (d. h. durchschnittlicher Servicezeit $1/\mu$). Nach Lemma 3.1 ist ihre gemeinsame Rate $m\mu$, damit ist die durchschittliche Zeit, die eine Einheit braucht, um ihren Dienst zu beenden, $1/(m\mu)$. Falls ein neuer Alarm von einem Possion-Prozeß mit Rate $\lambda$ erscheint, während die $m$ Einheiten beschäftigt sind, dann ist mit Blick auf die Gedächtnislosigkeit der Exponentialverteilung die Zeit seit dem Einlaufen des Notrufs wiederum exponentialverteilt mit einer durchschnittlichen Rate von $1/(m\mu)$.

Nehmen wir einmal an, daß eine Stadt insgesamt $N$ Feuerwehreinheiten besitzt und daß alle im Einsatz sind. Das Einlaufen eines neuen Alarms mit Rate $\lambda$ ist nicht verknüpft mit dem Ausrücken auf einen vorhergehenden Notruf hin. Damit haben wir zwei unabhängige, gleichzeitig ablaufende Poissonprozesse mit Raten $\lambda$ und $N\mu$. Lemma 3.2 sagt nun aus, daß die Wahrscheinlichkeit dafür, daß man für den neuen Notruf warten muß, bis eine gerade im Einsatz befindliche Einheit wieder frei wird (daß nämlich das Einrücken vor dem erneuten Ausrücken stattfindet), gleich $\lambda/(\lambda + N\mu)$ ist.

Stellen wir uns vor, daß die Zeit mit maximaler Alarmzahl schon eine Weile läuft und daß sich somit eine Art Gleichgewicht zwischen Anfängen und Beendigungen von Einsätzen ausgebildet hat, bei dem die durchschnittliche Zahl von Notrufen gleich ist der durchschnittlichen Zahl der Einsätze. In diesem Fall ist es offenkundig, daß mit $M$ als der durchschnittlichen Anzahl von Einheiten im Einsatz die durchschnittliche Ausrück-Rate gleich $M\mu$ ist. Da dies gleich der durchschnittliche Notruf-Rate ist, erhalten wir

$$M = \frac{\lambda}{\mu} \, . \tag{3.5}$$

Gleichung (3.5) ist wohlbekannt in der Warteschlangentheorie, dort wird sie unter recht allgemeinen Voraussetzungen hergeleitet. Wir werden Gleichung (3.5) im nächsten Abschnitt benötigen.

Ein räumlicher Poissonprozeß wird in analoger Weise zum zeitlichen definiert. Angenommen, Ereignisse finden zufällig verteilt in der Ebene statt und $S$ ist irgendein Teilgebiet der Ebene, dann zählt $N(S)$ die Anzahl von Ereignissen innerhalb $S$. Seien $S$ und $S'$ disjunkte Teilgebiete, dann verlangen wir, daß $N(S)$ und $N(S')$ unabhängige Zufallsvariablen sind (*unabhängige Inkremente*) und daß $N(S)$ nur vom Flächeninhalt von $S$ und nicht von seiner Lage oder Form abhängen soll (*feste Inkremente*). Ist $E$ die leere Menge, dann gilt $N(E) = 0$.

Der räumliche Zählprozeß wird Poissonprozeß genannt, falls

$$p(N(S) = k) = \frac{(\gamma A(S))^k}{k!} \, \mathrm{e}^{-\gamma A(S)} \, ,$$

wobei $k = 0, 1, \ldots$ ist und $A(S)$ den Flächeninhalt von $S$ bezeichnet. Für die Rate $\gamma$ zeigt man leicht, daß sie die durchschnittliche Anzahl von Ereignissen pro Flächeneinheit ist, wobei ein ähnliches Argument wie im zeitlichen Fall verwendet wird.

Es ist günstig zu wissen, wie man die Rate $\lambda$ in einem Poissonprozeß abschätzen kann: Teile ein Zeitintervall $t$ in $n$ kleine Teile der Größe $h$, so daß $t = nh$ wird und zähle dann, wie viele Notrufe tatsächlich während $t$ einlaufen. Nenne dies $m$. Wegen der unabhängigen Inkremente ist das Geschehen während eines vorgegebenen Zeitintervalls unabhängig davon, ob in einem anderen Intervall ein Notruf eingelaufen ist oder nicht. Die Wahrscheinlichkeit für einen Notruf in einem Intervall der Länge $h$ ist Eins minus der Wahrscheinlichkeit dafür, daß keiner eingeht, was nach der Poissonverteilung ungefähr $\lambda h$ ist, wie wir oben gesehen haben. Die Näherung wird immer besser, wenn $h$ für festes $t$ gegen Null strebt, oder – gleichwertig dazu – wenn $t$ größer wird, während $h$ fest ist. Darüber hinaus ist die Wahrscheinlichkeit dafür, daß mehr als ein Notruf in einem Zeitintervall einläuft, praktisch gleich Null. Damit haben wir eine Serie von unabhängigen Versuchen mit zwei Ausgängen

(*Bernoulli-Experimente*), und damit ist die durchschnittliche Zahl der Notrufe während $t$ gerade $n\lambda h$. Daraus folgt, daß $m = n\lambda h = \lambda t$ oder $\lambda = m/t$, für genügend große $t$. Für räumliche Prozesse gilt dasselbe Resultat in der Form $\gamma = m/A(S)$ für ebene Gebiete mit genügend großer Fläche.

## 3.3  Das inverse Wurzelgesetz

Ein großes Gebiet $S$ mit der Fläche $A(S)$ besitze $N$ Feuerwachen, die zufällig verteilt sind nach einer Poissonverteilung mit Parameter $\gamma$. Der Parameter ist gerade die mittlere Anzahl von Feuerwachen pro Flächeneinheit und wird gemäß unserer vorangegangenen Diskussion zu $N/A(S)$ abgeschätzt. Die Feuermeldungen laufen als Poissonprozeß mit Parameter $\lambda$ ein, und jede Feuerwehreinheit, die ausgesandt wird, ist für eine exponentialverteilte Zeit mit Mittelwert $1/\mu$ lang beschäftigt. Wir setzen eine Feuerwehreinheit pro Feuerwache voraus, eine Forderung, die weiter unten noch modifiziert werden wird, und daß die Feuermeldungen während Stoßzeiten einlaufen, während derer der Durchschnitt als konstant angenommen werden kann. Die ruhigeren Tageszeiten – falls es solche überhaupt gibt – sind uninteressant, da auf den Bedarf schneller reagiert werden kann.

Ein Vorfall ereigne sich zufällig und gleichverteilt an irgendeiner Stelle innerhalb von $S$, und die nächstmögliche Feuerwehreinheit wird ausgesandt. Implizit setzen wir dabei voraus, daß der Alarm in jedem Teil des betrachteten Gebietes gleich wahrscheinlich ist. Das bedeutet, daß in $S$ überall ungefähr die gleiche Brandgefahr herrscht, wie es zum Beispiel in manchen Wohngebieten der Fall sein wird. Im Moment wollen wir darüber hinaus noch voraussetzen, daß alle $N$ Einheiten einsatzbereit sind, auch eine Einschränkung, die wir später noch lockern wollen, da einige Feuerwehreinheiten wohl mit anderen Einsätzen beschäftigt sind.

Stellen wir uns $S$ als irgendeinen Teil einer Großstadt vor, in der die Straßen ein rechtwinkliges Netz bilden. Das bedeutet, daß der Weg zu einem Unglücksort nicht der Luftlinie zwischen zwei Punkten folgt, sondern einer weniger direkten Route. Wir wollen diese Idee präziser ausdrücken, indem wir ein Maß für den Abstand in der Ebene einführen, das die *rechtwinklige Metrik* („Manhattan-Metrik") genannt wird. Sie definiert den Abstand zwischen dem Ursprung und einem Punkt mit den Koordinaten $(x, y)$ als $|x| + |y|$. Eine Bewegung in dieser Metrik führt längs einem horizontalen Abstand $|x|$, dem eine vertikale Strecke der Länge $|y|$ nachfolgt. Das ist verschieden von der konventionellen *Euklidischen Metrik*, die durch $\sqrt{x^2 + y^2}$ definiert ist. Auf einem realistischen Stadtplan wird die Fahrstrecke irgendwo zwischen diesen Extremen liegen. Wir wählen die rechtwinklige Metrik, auch wenn es etwas zu konservativ erscheinen mag. Spätere Rechnungen werden offenbaren, daß der Unterschied zwischen beiden gar nicht so groß ist (Übung 3.5.3).

Der Ort aller Punkte in der $x$-$y$-Ebene, die den maximalen Abstand $r$ zum Ursprung besitzen, ist natürlich ein Kreis vom Radius $r$, wenn man die Euklidische Metrik verwendet, und die Fläche ist $\pi r^2$. In der rechtwinkligen Metrik ist er aber ein um 90° gedrehtes Quadrat mit Seitenlänge $\sqrt{2}r$ und Fläche $2r^2$ (Bild 3.1).

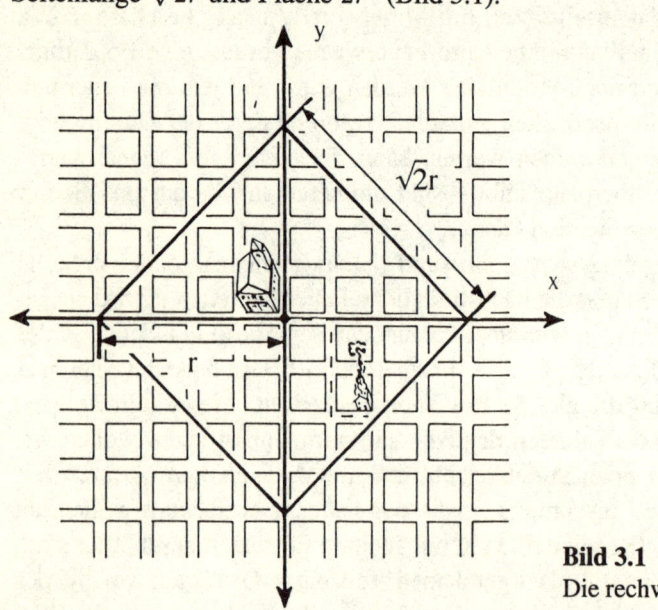

**Bild 3.1**
Die rechtwinklige Metrik

Wenn die Geschwindigkeit eines Feuerwehrautos ungefähr konstant ist, dann ist die Antwortzeit proportional zur Fahrstrecke, deshalb werden wir ab jetzt mit dem Abstand statt der verstrichenen Zeit arbeiten.

An diesem Punkt sind wir jetzt in der Lage, die Wahrscheinlichkeitsverteilung der Wegstrecke $D_1$ zwischen dem Unglücksort und der nächstgelegenen Feuerwache zu berechnen (vgl. Bild 3.2 für eine typische Situtation).

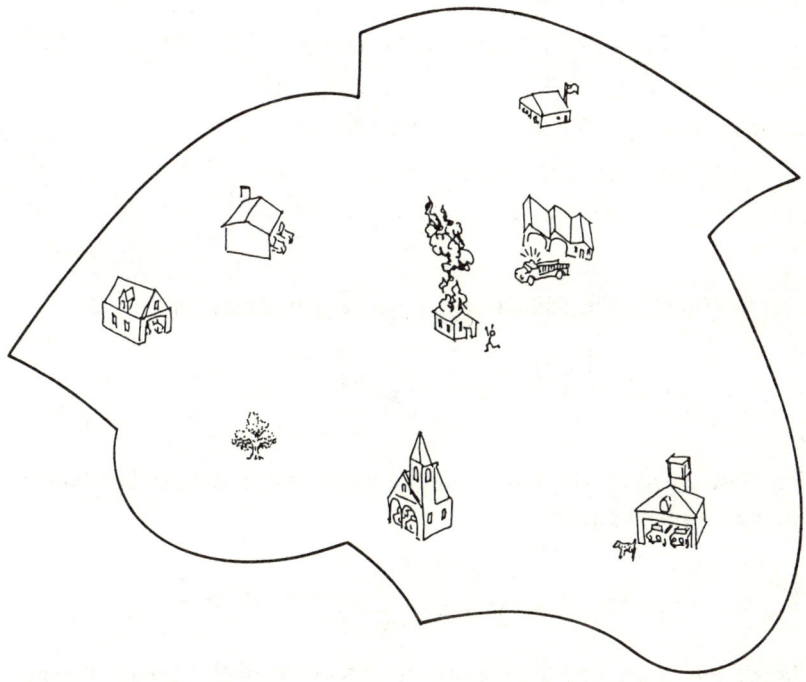

**Bild 3.2** Ein hypothetisches Gebiet mit poissonverteilten Feuerwehreinheiten und einem Brandort

Wir wählen das Koordinatensystem so, daß der Unglücksort im Ursprung liegt. Da die Feuerwachen poissonverteilt über das Gebiet sind, ist die Wahrscheinlichkeit dafür, daß keine Feuerwache im Abstand $r$ zu finden ist, gerade $e^{-2\gamma r^2}$. Hierbei haben wir benützt, daß die Fläche eines „Kreises" in der rechtwinkligen Metrik gleich $2r^2$ ist. Damit ist die Wahrscheinlichkeit dafür, daß die nächstgelegene Feuerwache innerhalb eines Abstandes $r$ liegt, gegeben durch

$$F(r) = p(D_1 \leq r) = 1 - p(D_1 > r) = 1 - e^{-2\gamma r^2} \ . \qquad (3.6)$$

Die Dichte der Zufallsvariablen $D_1$ erhält man aus (3.6), indem man $F(r)$ differenziert: $F'(r) = 4\gamma r \, e^{-2\gamma r^2}$. Der Erwartungswert von $D_1$ berechnet sich aus dem Integral

$$E(D_1) = \int_0^\infty r F'(r) \; \mathrm{d}r = 4\gamma \int_0^\infty r^2 \, e^{-2\gamma r^2} \; \mathrm{d}r \ , \qquad (3.7)$$

das man auswertet, indem man (3.7) umformt:

$$E(D_1) = -2\gamma \frac{\mathrm{d}}{\mathrm{d}\gamma} \left( \int_0^\infty e^{-2\gamma r^2} \; \mathrm{d}r \right) \ .$$

Jetzt machen wir die Substitution $x = \sqrt{2\gamma} r$ und erhalten

$$\int_0^\infty e^{-2\gamma r^2} \; \mathrm{d}r = \frac{1}{\sqrt{2\gamma}} \int_0^\infty e^{-x^2} \; \mathrm{d}x \ ;$$

den Wert $\sqrt{\pi}/2$ für das letzte Integral finden wir in allen Integraltafeln. Alles zusammen ergibt

$$E(D_1) = -\gamma \sqrt{\frac{\pi}{2}} \frac{\mathrm{d}}{\mathrm{d}\gamma} \left( \frac{1}{\sqrt{\gamma}} \right) = 0,627 \, \gamma^{-\frac{1}{2}} \ . \qquad (3.8)$$

Daraus sehen wir, daß die voraussichtliche Fahrstrecke umgekehrt proportional ist zur Wurzel aus der Dichte $\gamma$ der verfügbaren Einheiten. Diese Relation bleibt erhalten unter einer großen Anzahl von Annahmen über die Verteilung der einsatzfähigen Fahrzeuge und über die angewandte Metrik. Wir können dies leicht im Fall $D_2$ einsehen, dem Abstand zur zweitnächsten Einheit. Die Wahrscheinlichkeit dafür, daß die zweitnächste innerhalb eines Abstandes $r$ zum Unglücksort ist, ist wieder mit Hilfe der rechtwinkligen Metrik Eins minus der Wahrscheinlichkeit dafür, daß entweder keine oder genau eine innerhalb dem Abstand $r$ liegt. Aus der Annahme, daß die Feuerwachen poissonverteilt sind, erhalten wir

$$G(r) = p(D_2 \leq r) = 1 - \mathrm{e}^{-2\gamma r^2} - 2\gamma r^2 \, \mathrm{e}^{-2\gamma r^2}$$

mit einer Dichte von $G'(r) = 8\gamma^2 r^3 \, \mathrm{e}^{-2\gamma r^2}$. Eine analoge Rechnung wie oben (Übung 3.5.4) ergibt

$$E(D_2) = \int\limits_0^\infty r G'(r) \, \mathrm{d}r = 0,941 \, \gamma^{-\frac{1}{2}} \,. \qquad (3.9)$$

Das heißt, der Erwartungswert ist bei einem geringfügig größeren Proportionalitätsfaktor derselbe wie in Gleichung (3.8).

Da $\gamma = N/A(S)$ ist, können wir (3.8) und (3.9) umschreiben zu $c_1 N^{-\frac{1}{2}}$ und $c_2 N^{-\frac{1}{2}}$ mit passenden Konstanten, um die Abhängigkeit von $N$ noch deutlicher zu machen. Diese Mittelwerte setzen voraus, daß alle $N$ Einheiten einsatzbereit sind, was unrealistisch ist, da sicher einige Einheiten mit anderen Notrufen beschäftigt sind. Sei nun die Anzahl der im Einsatz befindlichen Einheiten gleich $m$. In Abschnitt 3.2 haben wir gezeigt, daß der Mittelwert der Zufallsvariablen $m$ gerade gleich $\lambda/\mu$ ist, und damit ist der Erwartungswert der Zufallsvariablen $q = N - m$ gleich $E(q) = N - \lambda/\mu$. Mit $q$, der Zahl der tatsächlich einsatzfähigen Einheiten als Bedingung, ist der Erwartungswert von $D_1$ gegeben durch

$$E(D_1|q) = \frac{c_1}{\sqrt{q}} \,.$$

Es ist ein Standardresultat aus der Wahrscheinlichkeitstheorie (vgl. Anhang A), daß der unbedingte Erwartungswert von $D_1$ gerade der Mittelwert von $E(D_1|q)$ bezüglich $q$ ist, nämlich

$$E(D_1) = E(E(D_1|q)) \,.$$

Jetzt ist aber $1/\sqrt{q}$ für $q > 0$ eine konvexe Funktion, was bedeutet, daß die Tangente an die durch die Funktion definierte Kurve auf oder unterhalb der Kurve liegt (Bild 3.3)

Mit einer einfachen Rechnung zeigt man, daß wegen der Konvexität gilt:

$$E(D_1) = E(E(D_1|q)) \geq \frac{c_1}{\sqrt{E(q)}} \qquad (3.10)$$

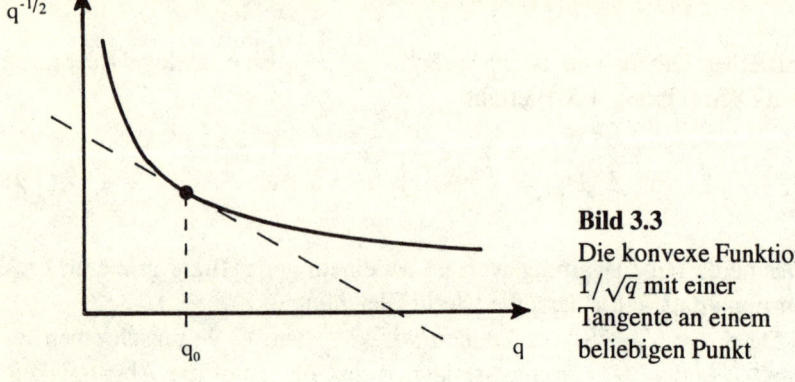

**Bild 3.3**
Die konvexe Funktion
$1/\sqrt{q}$ mit einer
Tangente an einem
beliebigen Punkt

(Übung 3.5.6). Wenn man für den Mittelwert von $D_1$ einen möglicherweise zu kleinen Schätzwert in Kauf nimmt, dann kann das Ungleichheitszeichen in Gleichung (3.10) durch ein Gleichheitszeichen ersetzt werden, was uns $E(D_1)$ gibt, ausgedrückt durch den Mittelwert der verfügbaren Einheiten:

$$E(D_1) = \frac{c_1}{\sqrt{N - \lambda/\mu}} \, . \tag{3.11}$$

Die gleiche Relation gilt für $D_2$, außer daß die Konstante durch $c_2$ ersetzt wird.

Eine empirische Bestätigung von Gleichung (3.11) bekam man, als man die tatsächlichen Antwortzeiten gegen die Zahl der verfügbaren Einheiten auftrug (vgl. den Artikel von Kolesar und Blum im Literaturverzeichnis Abschnitt 3.6) und es ist bemerkenswert, daß die Relation gilt, trotz der verschiedenen einschränkenden Annahmen bei der Herleitung, von denen einige annehmbar waren, andere dagegen nicht, wie z. B. die konstante Geschwindigkeit der Fahrzeuge, die gleichförmige Verteilung der Notrufe auf das Gebiet oder das rechtwinklige Straßennetz. Die Robustheit von Gleichung (3.11) unter einer Vielzahl von Bedingungen bringt uns dazu, sie als *inverses Wurzelgesetz* zu bezeichnen. Dieses Gesetz liefert uns einen einfachen Zusammenhang zwischen den verfügbaren Feuerbekämpfungs-Ressourcen und der Fähigkeit, auf einen Notruf zu reagieren.

Wir wollen diesen Abschnitt mit der Überlegung abschließen, was passiert, wenn die $N$ Feuerwehreinheiten auf nur $R < N$ Feuerwachen verteilt sind, wovon $R_1$ eine Feuerwache beherbergen sollen und die restlichen $R_2 = N - R_1$ zwei. In diesem Fall folgt, daß $R_1 = 2R - N$ und $R_2 = N - R$. Wir machen wieder die vereinfachende Voraussetzung, daß alle $N$ Einheiten besetzt sind, wenn der Notruf einläuft.

Beachte, daß der mittlere Antwort-Abstand der nächstgelegenen Einheit jetzt $c_1 R^{-\frac{1}{2}}$ ist, was weniger ist, als wenn die Einheiten auf $N$ Feuerwachen verteilt wären anstatt nur $R$ von ihnen. Für die zweitnächste Feuerwehreinheit kann die Situation dagegen verschieden sein. Für grob einen Bruchteil $R_2/R$ aller Notrufe wird die zweite Feuerwehreinheit von derselben Wache aus wie die erste losfahren, falls die Verteilungsstrategie ist, zu jedem Notruf zwei Feuerwehreinheiten fahren zu lassen. Dies setzt natürlich voraus, daß die Wachen mit zwei Feuerwehreinheiten gleichmäßig verteilt und nicht an wenigen Orten des Gebietes konzentriert sind. $R_2/R$ ist ein empirischer Schätzwert für die Wahrscheinlichkeit, daß sowohl die erste als auch die zweite Einheit von derselben Wache aus losgeschickt werden und somit dieselbe Fahrstrecke haben, während $R_1/R$ die zughörige Wahrscheinlichkeit dafür ist, daß auf einen Notruf von Einheiten reagiert wird, die in verschiedenen Wachen stationiert sind. Damit bekommt man den mittleren Antwort-Abstand für die zweitnächste Einheit, indem man die bedingte Wahrscheinlichkeit bezüglich dieser beiden Ausgänge berechnet:

$$E(D_2) = R^{-\frac{1}{2}} \left( \frac{c_1 R_2}{R} + \frac{c_2 R_1}{R} \right) .$$

Nehmen wir jetzt $R_1 = 0$ an, daß also alle Feuerwachen mit zwei Einheiten besetzt sind. Dann ist $R = N/2$ und $E(D_2) = \sqrt{2}c_1/N^{1/2}$. Die Konstante $c_1$ ist dann gleich 0,627-mal die Wurzel aus der Gesamtfläche des Gebietes, während $c_2$ gleich 0,941-mal denselben Faktor ist. Damit ist die Fahrstrecke der zweitnächsten Einheit kleiner, als wenn sie alle je auf eine Wache verteilt wären. Ist andererseites $R_2 = 0$, dann ist – wie man leicht nachrechnet – der Erwartungswert $E(D_2)$ größer als wenn die Feuerwehreinheiten verstreut wären. Die gesamte Antwortfähigkeit wird also schlechter, falls $R$ kleiner als $N$ ist.

## 3.4 Optimaler Einsatz von Feuerwehreinheiten

Eine Stadt sei in $k$ Bezirke eingeteilt, und innerhalb eines jeden fallen räumlich gleichmäßig verteilt und zufällig die Notrufe an. Diese homogenen Stadtviertel sind das Ergebnis der verschiedenen Alarm-Historien, die man in verschiedenen Teilen des Gesamtgebietes erwarten kann, so wie dicht und weniger dicht besiedelte Wohnbezirke und Gewerbebezirke, wo das Brandrisiko sich von Ort zu Ort unterscheidet. Manche Bezirke mögen auch geographisch beschränkt sein, etwa wenn ein Fluß die Grenze zwischen zwei Zonen bildet.

Die Notrufe im Bezirk $i$ seien poissonverteilt mit Rate $\lambda_i$, $i = 1, 2, \ldots$, k. Die Wahrscheinlichkeit dafür, daß der nächste Alarm für die ganze Stadt gerade aus dem $i$-ten Bezirk komme, ist nach Lemma 3.2 gleich $\lambda_i/\lambda$, wobei $\lambda$ gleich der Summe aller $\lambda_i$ ist ($j = 1, \ldots, k$). Für jedes $i$ sei $N_i$ die Anzahl der Feuerwehreinheiten, die zum $i$-ten Bezirk gehören und $\mu_i$ die durchschnittliche Zeit bis zum Einsatz in diesem Bezirk, die von Straßenverhältnissen und der Häufigkeit und Schwere der Brände abhängt. Die Einsatzzeiten seien exponentialverteilt.

Berechnet man die Wahrscheinlichkeit bezüglich der $k$ disjunkten Ereignisse, daß ein Notruf aus dem $i$-ten Bezirk kommt, dann hat der Antwortabstand $D$ zur nächsten ausrückenden Einheit (unser Maß für die Antwortzeit) einen Erwartungswert, der sich gemäß Gleichung (3.11) berechnen läßt:

$$E(D) = \sum_{i=1}^{k} \frac{c_i \lambda_i}{\lambda \sqrt{N_i - \lambda_i/\mu}} = \sum_{i=1}^{k} g_i(N_i) \,, \qquad (3.12)$$

wobei die $c_i$ gleich dem 0,627fachen der Wurzel aus der Fläche des $i$-ten Bezirks sind. Die Feuerwehr würde gerne $E(D)$ so klein wie möglich machen, was uns auf das Optimierungsproblem führt, diese Summe möglichst klein zu machen unter der Bedingung, daß die $N_i$ sich zu $N$ aufsummieren. Die $N_i$ sind ganze Zahlen, von denen mindestens eine größer ist als der kleinste ganzzahlige Anteil der $\lambda_i/\mu_i$. Ihre Summe ist $N$, die Gesamtzahl der in der Stadt verfügbaren Einheiten. Wie im Kapitel 2 ist das ein ganzzahliges Optimierungsproblem, und es läßt wiederum einen einfache Lösung zu. Am Anfang weist man die kleinste

Anzahl von Einheiten ($a + [\lambda_i/\mu_i]$) jeweils dem $i$-ten Term in Gleichung (3.12) zu. Falls sich diese Mindestzahlen zu $N$ aufaddieren, sind wir fertig. Sonst weise demjenigen Term eine weitere Einheit zu, für den $g(N_i) - g(N_i - 1)$ am größten ist, da diese Wahl die Summe verringert. Fahre damit fort, bis alle $N$ verfügbaren Einheiten zugeordnet sind.

Die daraus resultierende Verteilung ist so beschaffen, daß sie die Effizienz der Einsätze über die gesamte Stadt optimiert, aber sie mag in anderen Belangen unzulänglich sein. Beispielsweise bekommt ein Gebiet mit vielen Notrufen deutlich mehr Feuerwehreinheiten als ein angrenzendes Gebiet mit weniger Notrufen, z. B. ein dünn besiedeltes Wohngebiet. Wenn dann trotzdem ein Feuer in diesem Wohngebiet ausbricht, ist voraussichtlich die Antwortzeit größer, da die einsatzfähigen Einheiten weiter verstreut sind. Die abgabepflichtigen Bewohner sind verständlicherweise nicht gut auf solch eine ungleiche Versorgung zu sprechen, da sie ja dafür bestraft werden, daß es bei ihnen weniger Brände gibt. Nehmen wir an, daß auf ihre Forderung hin einige Einheiten dauerhaft in die Wohngebiete verlegt werden. Das macht das Gebiet mit höherer Brandwahrscheinlichkeit aber anfälliger, da die Fahrzeiten länger werden und, was vielleicht von gleich großer Bedeutung ist, die Arbeitsbelastung der Feuerwehreinheiten in den gefährdeten Bezirken wird weit über die in den angrenzenden Gebieten hinausgehen, dadurch daß jede Einheit einen größeren Anteil der Zeit beschäftigt ist. Die Gewerkschaft wird protestieren.

Man muß also offenkundig die vielfältigen und oft gegenläufigen Interessen der Stadtverwaltung, der Gewerkschaft und der Bürger in Einklang bringen. Während die Verteilung über die Gesamtstadt, die sich auf das inverse Wurzelgesetz beruft, möglicherweise die Gleichberechtigung sowohl bei den Bewohnern als auch bei den Feuerwehrleuten erfüllt (Gleichheit der Bedarfsabdeckung und der Arbeitsbelastung), bietet sie auch einen Kompromiß an, bei dem gleichzeitig mehr Einheiten in Gebiete mit höherem Bedarf eingesetzt sind und ein akzeptabler Stand an Bedarfsabdeckung geboten wird. Diese Verteilung wird von vielen Gemeinden als Faustregel für die Verteilung der Einheiten angewandt. Beispielsweise wurde wegen einer der wiederkehrenden Finanzkrisen der Stadt New York der Feuerwehrhaushalt gekürzt und einige Feuerwehreinheiten wurden verlegt, um das dadurch auftretende Loch in der Bedarfsabdeckung zu stopfen. Dabei verwendete man das inverse Wurzelgesetz dazu, den durch die Kürzungen verursachten Rückgang in der Versorgung möglichst klein zu halten.

Diese Veränderungen stießen anfangs auf Widerstand sowohl der Feuerwehrmänner als auch der Bürgerschaft, die sich durch die Verlegung bedroht fühlten, aber schließlich wurde doch der Maßstab der Kostenersparnis angelegt (weitere Kommentare dazu in Abschnitt 3.6).

Eine Möglichkeit, eine gleichmäßige Versorgung zu erreichen, ist die zeitweise Verlegung von Feuerwehreinheiten in andere Wachen während Zeiten hohen Bedarfs. Das entlastet Einheiten, die sich im Einsatz befinden und ist dazu geeignet, Ungleichheiten in der Arbeitsbelastung zu vermindern. Dieses Umverteilungsproblem kann mathematisch formuliert werden, indem man zuerst das Gebiet in Teilgebiete unterteilt, die *Einsatz-Nachbarschaften* genannt werden; jede von ihnen wird von der nächstmöglichen Feuerwehreinheit versorgt. Manche Feuerwachen können natürlich auch zu mehr als einer Einsatz-Nachbarschaften gehören, wenn man eine Feuerwehreinheit pro Feuerwache voraussetzt. Damit entsteht eine Unterteilung in sich überlappenden Teilgebieten.

Eine Einsatz-Nachbarschaft ist nicht besetzt, wenn die beiden nächsten Einheiten im Einsatz sind; in diesem Fall wird eine andere einsatzbereite Einheit zeitweise in eine leere Feuerwache verlegt (Bild 3.4).

Das Problem liegt nun darin, zu entscheiden, welche Feuerwache zu besetzen ist, um die Anzahl der verlegten Einheiten möglichst klein zu halten (Übung 3.5.8). Der Punkt, um den es dabei geht, ist nicht so sehr, welche der einsatzfähigen Einheiten verlegt werden soll, sondern vielmehr, wie viele. Das erinnert uns wieder an den Typ von ganzzahligen Optimierungsproblemen, die wir im vorigen Kapitel untersucht haben.

Die Tatsache, die das inverse Wurzelgesetz so attraktiv macht, ist, daß es – obwohl es so trügerisch einfach herzuleiten und anzuwenden ist – ein verblüffend gutes Hilfsmittel zur langfristigen Einsatzplanung der Feuerwehr-Ressourcen ist.

Dennoch gibt es andere kürzerfristige Einsatzziele, die tagtägliche Aufgaben berühren, welche ebenfalls von einigem Interesse sind. Ihnen wollen wir uns jetzt kurz zuwenden.

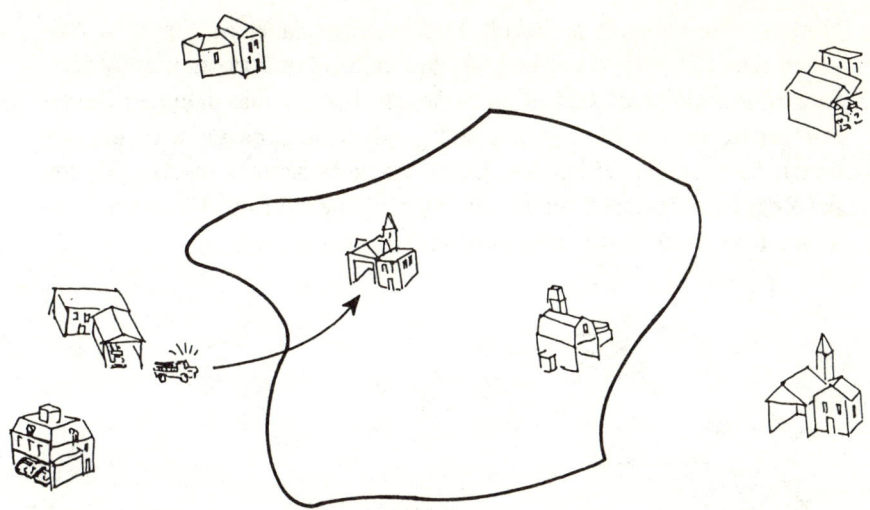

**Bild 3.4** Beispiel für die Umschichtung mit einer unbesetzten Einsatz-Nachbarschaft und verschiedenen benachbarten Feuerwachen. Der Pfeil zeigt, wie eine einsatzbereite Feuerwehreinheit für beschränkte Zeit in die Feuerwache einer im Einsatz befindlichen Einheit verlegt wird.

Obwohl wir angenommen haben, daß stets die am nächsten liegende Feuerwehreinheit zum Brandort ausrückt, ist es nicht offenkundig, ob es nicht manchmal auf lange Sicht besser ist, eine entfernter liegende Einheit ausrücken zu lassen. Normalerweise ist es optimal, die nächst-gelegene(n) Einheit(en) zum Brandort zu schicken. Aber während einer Zeit mit vielen Einsätzen in einer Gegend mit hohem Bedarf könnte diese Einsatz-Strategie das gesamte Gebiet seiner Möglichkeiten zur Feuerbekämpfung berauben, und ein künftig einlaufender Alarm könnte nur von einer ziemlich weit entfernt liegenden Einheit beantwortet werden. Wenn also auf einen Alarm hin nicht die nächstgelegene Einheit ausgesandt wird, könnte die etwas länge Antwortzeit durch die Möglichkeit kompensiert werden, daß die Einheit für einen späteren Alarm noch verfügbar ist. Es ist also ein Ausgleich zu finden zwischen dem kurzfristigen Vorteil, schnell auf einen momentan einlaufenden Notruf reagieren zu können, und dem längerfristigen Vorteil, Einheiten für zukünftige

Notfälle einsatzbereit zu haben. Das Problem dabei ist, Grenzen zwischen den Gebieten zu ziehen, so daß eine besonders stark geforderte Einheit ein kleineres Gebiet zu versorgen hat als eine in einem Gebiet mit geringem Bedarf. Mit passend gezogenen Grenzen wird die Arbeitsbelastung ausgeglichener. Damit ist es manchmal angebracht, von der Regel abzuweichen, immer die nächstgelegene Einheit ausrücken zu lassen (vgl. Bild 3.5 für eine Illustration dieser Idee).

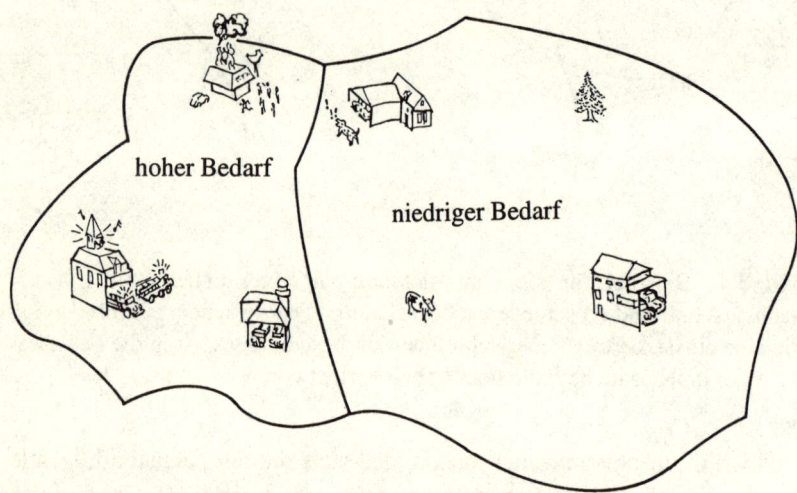

hoher Bedarf

niedriger Bedarf

**Bild 3.5** Aneinandergrenzende Gebiete mit hohem und niedrigem Bedarf mit Grenzen, die so gezogen sind, daß die erste ausrückende Einheit nicht notwendig die am nächsten gelegene ist.

Dies steht im Gegensatz zum Umverteilungsproblem, bei dem Grenzen gezogen wurden, um nächste (und zweitnächste) Einheiten zu bestimmen.

Eng verbunden mit der Frage, welche Einheiten auszusenden ist, ist diejenige, wie viele zu schicken sind. Angenommen, eine oder zwei Feuerwehreinheiten sind bei irgendeinem Brand eingesetzt. (Bei großen Bränden können auch noch mehr Einheiten eingesetzt sein, aber wir wollen diese Möglichkeit hier außer acht lassen). Manchmal ist es schwierig, die Größe eines Brandes abzuschätzen, der ja auch ein falscher Alarm sein kann, bevor die erste Einheit, die am Brandort erscheint, eine genaue Bestimmung machen kann. Es ist abzuwägen, ob man zwei Einheiten losschickt und nur eine wird gebraucht (bei einem kleinen Zimmerbrand zum Beispiel) oder aber nur eine Einheit bei einem Großbrand erscheint.

Im ersten Fall ist eine Einheit anderswo nicht einsatzbereit, während im zweiten Fall wertvolle Zeit verstreicht, bis die dringend benötigte Einheit am Brandort erscheint. Je länger die Feuerwehreinheiten nicht im Einsatz sind, desto größer wird die Gefahr, daß größerer Schaden an Leben und Besitz entsteht, deshalb ist die Entscheidung schwierig, wie viele Einheiten auf einen Notruf hin auszusenden sind. Die Entscheidung beruht letztlich auf der Wahrscheinlichkeit, daß der Brandfall schwerwiegend ist (aufgrund der „Alarm-Historie" des Viertels) und auf der Anzahl von Einheiten, die bei anderen Unglücksfällen eingesetzt sind.

Diese taktischen Fragen, wie viele und welche Feuerwehreinheiten einzusetzen sind, können ebenfalls mathematisch formuliert werden, wir verweisen dafür aber auf die Literaturhinweise in Abschnitt 3.6.

## 3.5  Übungen

**3.5.1** Der Erwartungswert einer poissonverteilten Zufallsvariablen $N(t)$ mit Rate $\lambda$ ist $\lambda t$, der Erwartungswert von $T$ ist $1/\mu$, wenn $T$ exponentialverteilt ist. Zeige dies.

**3.5.2** Seien $T_i$ die aufeinanderfolgenden Zwischenzeiten beim Eintreffen eines poissonverteilten Prozess mit Rate $\lambda$. Zeige mit Hilfe von Gleichung (3.3), daß

$$p\left(\sum_{i=1}^{k} T_i > t\right) = \sum_{j=0}^{k-1} (\lambda t)^j \, \frac{e^{-\lambda t}}{j!}$$

gilt und der Erwartungswert gleich $k/\lambda$ ist.

**3.5.3** Gleichung (3.8) wurde hergeleitet unter Voraussetzung der rechtwinkligen Metrik. Leite das analoge Ergebnis für den Erwartungswert von $D_1$ in der Euklidischen Metrik her, bei der der Abstand zwischen zwei Punkten der Ebene gleich der Wurzel aus der Quadratsumme der Abstände längs beider Koordinatenrichtungen ist. Zeige, daß $E(D_1) = 0,5\,\gamma^{-1/2}$.

**3.5.4** Vervollständige die Herleitung von Gleichung (3.9) für $E(D_2)$. Erweitere dieses Resultat für den erwarteten Abstand zum $k$-tnächsten Fahrzeug.

**3.5.5** Berechne die Varianz von $D_1$ in der rechtwinkligen Metrik.
*Hinweis*: $v(D_1) = E(D_1^2) - E(D_1)^2$ und $p(D_1^2 \leq r) = p(D_1 \leq \sqrt{r})$.

**3.5.6** In Abschnitt 3.4 sahen wir, daß $1/\sqrt{q}$ eine konvexe Funktion ist (Bild 3.3). Nenne diese Funktion $h(q)$. Um Ungleichung (3.10) im Text einzusehen, beachte, daß die Konvexität von $h$ bedeutet, daß die Tangente an die Kurve $(q, h(q))$ in der Ebene immer auf oder unterhalb der Kurve selbst liegt. Wenn nun $q_0$ ein vorgegebener Punkt ist, ist die Gleichung der Tangente in $q_0$ gleich $t(q) = h(q_0) + h'(q_0)(q - q_0)$, wobei $h'(q_0)$ die Ableitung von $h$ ist, oder auch die Tangentensteigung im Punkt $q_0$. Damit bedeutet Konvexität, daß

$$h(q) \geq h(q_0) + h'(q_0)(q - q_0) \quad \text{für alle } q_0 > 0.$$

Setze nun $q_0 = E(q)$ und zeige Gleichung (3.10), die auch kompakter dargestellt werden kann als $E(h(q)) \geq h(E(q))$.
*Hinweis*: Benutze die Eigenschaften des Mittelwertes einer nichtnegativen Zufallsvariablen.

**3.5.7** Die Optimierung des Feuerwehreinsatzes über die ganze Stadt mittels Gleichung (3.12) garantiert ein Maß an Effektivität, das alle anderen Gleichheitsgrundsätze verdrängt, wie in Abschnitt 3.4 diskutiert. Eine Modifizierung von Gleichung (3.12) bietet einen teilweisen Ausweg aus diesem Dilemma. Ersetze jeden der Ausdrücke $(N_i - \lambda_i/\mu_i)^{-1/2}$, den wir mit $f(N_i)$ abkürzen wollen, durch $f(N_i)^b$, worin $b$ ein nichtnegativer Parameter ist. Setzt man $b = 1$, erhält man Gleichung (3.12), aber wenn $b$ als kleiner als Eins angenommen wird, dann hängt jeder Term in der Summe weniger vom Antwort-Abstand ab, besonders wenn $b$ gegen Null geht. Das Gegenteil geschieht, wenn $b$ größer und größer wird, dann dominieren die Terme mit größerem Fahrweg die Summe. Erkläre, wie die verschiedenen Maße für die Effizienz, nämlich Effizienz der Versorgung, Ungleichheit der Arbeitsbelastung und Ungleichheiten in der Versorgung – alle in Abschnitt 3.4 diskutiert – gegeneinander abgewogen werden können, indem man $b$ über die nichtnegative Zahlen variiert. Hat man einen Wert für $b$ gewählt, wird Gleichung (3.12) wie zuvor minimalisiert.

**3.5.8** Das Umverteilungsproblem, wie es in Abschnitt 3.4 diskutiert wird, kann als Ganzzahloptimierung ähnlich zu jenen aus dem letzten Kapitel formuliert werden (vgl. Bild 3.4). Sei $a_{ij} = 1$, falls die $j$-te im Einsatz befindliche Einheit zur $i$-ten freien Einsatz-Nachbarschaft gehört, sonst gleich Null. Darüber hinaus sei $x_j = 1$, falls die leere Wache der im Einsatz befindlichen Einheit vorübergehend mit irgendeiner anderen einsatzbereiten Einheit besetzt wird. Wir wollen die Anzahl der Einheiten, die verlegt werden, minimierten unter der Voraussetzung, daß keine Einsatz-Nachbarschaft unbesetzt bleibt. Drücke dies mathematisch aus.

**3.5.9** Eine ansteckende Krankheit (wie z. B. Pocken) hat eine lange Inkubationszeit, so daß eine frisch angesteckte Person keine Symptome zeigt über einen Zeitraum, den wir als exponentialverteilt annehmen mit einer durchschnittlichen Latenzzeit von $1/\mu$. Jede angesteckte Person, die noch keine Symptome zeigt, kann andere Personen anstecken. Die Anzahl der angesteckten Personen ist somit ein poissonverteilter Zählprozeß mit einer Rate $\lambda$, die von den Häufigkeiten der ansteckenden und der ansteckbaren Personen abhängt, sowie von der Intensität der Kontakte. Auch soziale Gepflogenheiten können diese Rate beeinflußen, z. B. ob sich Personen, die sich treffen, umarmen oder nur freundlich zunicken. Es gibt eine oberflächliche Analogie zum Problem der Feuerwehr, bei der die Anzahl der frisch Infizierten der Zahl der einlaufenden Notrufe entspricht und die Inkubationszeit der Servicezeit einer im Einsatz befindlichen Einheit. Zeige mit Hilfe der Diskussion in Abschnitt 3.2, daß die Wahrscheinlichkeit für eine Neuinfektion von genau $k$ Personen in der Zeit, in der keine infizierte Person die Krankheitssymptome zeigt, gerade

$$\frac{\lambda}{(\lambda + \mu)^k} \frac{\mu}{\lambda + \mu}.$$

ist, wobei die durchschnittliche Zahl der neu Infizierten gleich $\lambda/\mu$ ist. *Hinweis*: Benutze die Eigenschaften der geometrischen Verteilung (vgl. Übung 1.5.1).

**3.5.10** Führen wir die vorige Übung fort und setzen $\Theta = \lambda/\mu$ mit $\Theta < 1$. Jede Generation von Infizierten verhält sich genauso wie die vorhergegangene, und wenn $W_m$ die Zahl der Infizierten in der $m$-ten Generation bezeichnet, gilt – da es $W_{m-1}$ in der vorigen Generation gibt –

$$W_m = \sum_{i=1}^{W_{m-1}} U_i \,,$$

wobei $U_i$ die vom $i$-ten Infizierten hervorgerufenen Fälle bezeichnet. Der Erwartungswert von $U_i$ ist unabhängig von $m$ und gleich $\Theta$, wie wir in der vorigen Übung gesehen haben, das heißt $E(U_i|W_{m-1}) = \Theta$. Mit Hilfe desselben Resultats über bedingte Mittelwerte, das auch in der Herleitung von Gleichung (3.10) verwendet wurde, nämlich $E(W_m) = E(E(W_m|W_{m-1}))$ (siehe Anhang A), folgt

$$E(W_m) = E\left(\sum_{i=1}^{W_{m-1}} \Theta\right) = \Theta E(W_{m-1}) \,.$$

Hierbei ist $W_0 = 1$, da alle Infizierten von einer einzigen kranken Person in der nullten Generation herrühren. Berechne damit die durchschnittliche Gesamtzahl aller Infizierten, die von der ersten kranken Person herrühren. Für diese Rechnung gelte die Annahme, daß jede Person isoliert wird, sobald sie die Krankheitssymptome zeigt und somit niemanden mehr anstecken kann. Zeige schließlich noch, daß die Krankheitswelle schließlich wieder abebbt, da $p(W_m = 0) \to 1$ für $m \to \infty$.

**3.5.11** In diesem Kapitel haben wir mit dem Antwort-Abstand $D$ statt der Antwort-Zeit $T$ gearbeitet. Beide sind Zufallsvariablen, wie auch die Geschwindigkeit $S$ eines Feuerwehrautos. Da $T = D/S$ gilt, nahmen wir an, daß auch $E(T) = E(D)/E(S)$ gilt. In Wirklichkeit ist aber

$E(T) = E(D)/E(1/S)$ und $1/S$ ist eine konvexe Funktion von $S$. Zeige mit ähnlichen Argumenten wie in Übung 3.5.6, daß in Wirklichkeit $E(T) \geq E(D)/E(S)$.

**3.5.12** Betrachte Bild 3.6, in dem eine Feuerwache im Koordinatenursprung gelegen ist. Ein Vorfall ereignet sich an zufälligem Ort innerhalb des Gebietes, und ein Fahrzeug wird von der Wache aus losgeschickt in der rechtwinkligen Metrik. Ein typischer Weg ist eingezeichnet. Berechne die durchschnittliche Wegstrecke $E(D)$ zum Unglücksort.

*Hinweis*: Alle Punkte im Abstand $r$ vom Ursprung liegen in einem Gebiet der Fläche $2r^2$ und die Wahrscheinlichkeit, daß ein Unglücksfall sich innerhalb des Abstandes $r$ ereignet, ist damit $2r^2/A$.

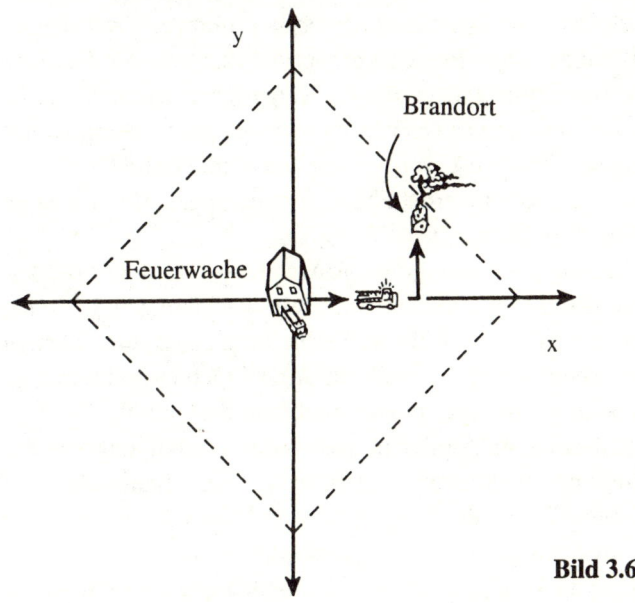

**Bild 3.6**

## 3.6 Weiterführende Literatur

Es gibt eine Viezahl von Büchern über stochastische Prozesse, die die Poissonverteilung detailliert auf einem vergleichbaren Niveau mit diesem Kapitel diskutieren. Wir empfehlen das Buch von Krengel [13].

Das inverse Wurzelgesetz für Feuerwehreinsätze wurde in der Arbeit von Kolesar und Blum [14] hergeleitet und getestet, aber eine umfassendere Behandlung der Modelle, die in diesem Kapitel vorgestellt wurden, findet sich in [15]. Die Frage, welche Einheiten bei einem Alarm einzusetzen sind, wird auf einfache Weise im Fall von zwei Feuerwachen im Artikel von Carter *et al.* [16] behandelt, während die Überlegung, wie viele eingesetzt werden sollen, ausführlich in [15] diskutiert wird. Das Umverteilungsproblem stammt aus [17].

Wie schon weiter oben bemerkt, spielte während der New Yorker Finanzkrise von 1971 das inverse Wurzelgesetz eine Schlüsselrolle bei der Entscheidung, wie viele Feuerwehreinheiten aufgelöst und wie viele verlegt werden sollten. Die Entscheidung darüber führte zu Protesten im Stadtparlament und zu einen Prozeß vor Gericht, der von der Gewerkschaft der Feuerwehrleute und erzürnten Bürgern angestrengt wurde. Aber nachdem die Analyse vor Gericht vorgetragen und zusammen mit den lokalen Gruppen überprüft worden war, verstummte die Kritik und die Änderungen wurden mit erheblichen Einsparungen für die Stadt verwirklicht (*New York Times*, Dec. 22, 1972).

Die Poissonverteilung hat ein großes Anwendungsfeld in der Modellierung von stochastischen Prozessen. Das ist in den Übungen 3.5.9 und 3.5.10 illustriert, die ein Modell für die Verbreitung einer ansteckenden Krankheit beschreiben. Weitere Details zu diesem Gebiet findet man in dem kleinen Bändchen [18] und in dem Buch von Bailey [20].

Es gibt eine amüsante und vielleicht unerwartete Verbindung von der Fragen der Aufteilung von knappen Ressourcen in einer Stadt oder – im Kontext von Kapitel 2 – in der Verteilung von Abgeordnetensitzen zu Problemen, die im Talmud zur Erbteilung gestellt werden.

Im einfachsten Fall konkurrieren zwei Einheiten um die Gesamtheit einer knappen Ressource. Das können zwei Stadtviertel sein, denen Feuerwehreinheiten zugeordnet werden sollen, oder aber Bundesstaaten, die Kongreßsitze bekommen wollen. Die Gesamtzahl an Feuerwehreinheiten oder Sitzen ist in jedem Fall begrenzt. Abstrakter gesprochen nehmen wir an, daß die zwei Einheiten Beträge $s_1$ und $s_2$ von einer Gesamtheit $s$ fordern, mit $s_i \leq s, i = 1, 2$ und $s_1 + s_2 \geq s$. Bekommt der Bewerber

$i$ alles, was er fordert, bleibt ein Anteil von $s - s_i$ für den anderen. Gestritten wird also um den Betrag $s - (s - s_1) - (s - s_2) = s_1 + s_2 - s$. In einem fesselnden Artikel zeigen Aumann und Maschler [21] mit Hilfe von spieltheoretischen Argumenten, daß das beste Vorgehen für die beiden Protagonisten ist, die Differenz $s_1 + s_2 - s$ gleichmäßig zwischen beiden aufzuteilen und zusätzlich $i$ den Betrag $s - s_j$, $j = 3 - i$ zu überlassen.

Über einen alten Streit und seine Lösung wird im Talmud berichtet unter „Zwei besitzen ein Gewand; der eine fordert das ganze, der andere die Hälfte davon. Der eine bekommt dann drei Viertel, der andere eines." Das ist exakt die Regel, die oben formuliert wurde; wenn sie passend erweitert wird, folgt daraus, daß eine gerechte Verteilung unter mehreren Anwärtern auch noch gerecht ist, wenn man sich auf eine beliebige Teilmenge der Anwärter beschränkt. Im besonderen folgt daraus die erreichte Lösung für die Teilung des Gewandes für je zwei Anwärter.

Auf die Verteilung der Kongreßsitze angewandt, ergeben sich einige der Kriterien für gerechte Aufteilung in dem Sinne, daß jede für alle Bundesstaaten annehmbare Verteilung auch annehmbar bleibt, wenn eine beliebige Untermenge der Bundesstaaten herausgegriffen wird. Das Hamiltonsche Verteilungsschema aus Abschnitt 2.3 verletzt dieses Kriterium; vom Vorschlag von Jefferson und Webster wird es erfüllt. Ein Beispiel für diese fehlende Gleichförmigkeit bildet Oklahoma, das 1907 ein Bundesstaat wurde. Bis dahin hatte der Kongreß 386 Sitze, die nach der Hamiltonschen Methode aufgeteilt waren, so daß New York 38 Mitglieder hatte und Maine 3. Der Beitritt Oklahomas führte zu 5 neuen Sitzen, die es bekam, und die Größe des Hauses war jetzt 391 Sitze. Obwohl die Bevölkerungszahl in beiden Staaten sich nicht geändert hatte, mußte New York jetzt einen Sitz an Maine abgeben, so daß jetzt New York nur noch 37 Sitze besaß und Maine 4.

Bei der Anwendung dieser Ideen auf städtische Einsatzprobleme muß man aber auch vorsichtig sein, weil das Prinzip der gerechten Verteilung verschiedene Bedeutung für städtische Leistungen haben kann.

# Kapitel 4
# Masern und Sardinen

## 4.1  Hintergrund

In seinem Roman *Straße der Ölsardinen*[1] beschreibt John Steinbeck in lebendiger Weise das geschäftige Leben einer Sardinenfabrik in Monterey (Californien) vor dem zweiten Weltkrieg, als schwer beladene Schiffe den reichen Fang heimbrachten; aber der Industriezweig erlitt einen Schlag, als in den späten 40er Jahren die Population der Sardinen zusammenbrach und die vormals blühenden Konservenfabriken schließen mußten. Später, in den frühen 70ern, geschah ein ähnlich dramatischer Rückgang im Fang von Sardellen vor der peruanischen Küste, die bis dahin die größten Fischereigründe der Erde aufwiesen.

Was war geschehen? Obwohl gelegentliche kleine Veränderungen im Klima einen Einfluß gehabt haben können – besonders die warme Meeresströmung, die man *el niño* nennt und die hin und wieder vor der peruanischen Küste auftritt – die Hauptursache in beiden Fällen war ganz einfach Überfischung.

Wenn der kommerzielle Fischfang entlang einer Küste anfängt, setzt dies ständig wachsende Investitionen in Fangzeug in Gange, damit das ausgebeutet werden kann, was als eine unerschöpfliche natürliche Ressource erscheint. Innerhalb weniger Jahre kreuzt eine stattliche Flotte auf dem Meer. Wenn dann die Fischbestände schwinden und der Preis steigt, wächst der Konkurrenzkampf unter den Fischern, und immer aggressivere Fangmethoden sind die Antwort. Einige Fischarten wie Sardinen, Sardellen und Heringe schwimmen in Schwärmen, die ihre Entdeckung und ihren Fang erleichtern. Diese Lebensweise bewirkt – in der Sprache der Biologen ausgedrückt – daß ihr Fortpflanzungserfolg

---

[1] Titel des amerikanischen Originals: *Cannery Row*.

bei kleinen Populationsstärken geringer ist. Das bedeutet, daß ein Überfischen auch eine geringere Anzahl an Jungtieren zur Folge haben kann. In Abschnitt 4.4 beschreiben wir ein Modell, das sowohl ökonomische als auch biologische Gesichtspunkte besitzt und das darlegt, wie der plötzliche Zusammenbruch einer solche Art möglich ist, wenn kritische Fangzahlen erreicht sind.

Die Szene wechselt nun in ein überfülltes Klasenzimmer im Winter, in dem ein Kind nach dem anderen an Ausschlag und Fieber erkrankt, ein Fall von Masern. Von Zeit zu Zeit gibt es solche landesweite Epidemien von Kinderkrankheiten wie Masern, zum letzten Mal in den späten 80ern. Das ist ebenfalls eine Form der Überfischung, bei denen empfängliche Individuen einer ansteckenden Krankheit anheimfallen, wenn sie Kontakt haben mit anderen, die bereits infiziert sind. Die Analogie zum Fischfang ist zugegebenermaßen etwas weit hergeholt, aber es gibt in der Tat eine ganze Klasse von Problemen, in denen zwei oder mehr Arten von Lebewesen mittels Ausbeutung, Konkurrenz und Konflikt in Wechselwirkung stehen, was mathematisch auf dieselbe Weise formuliert werden kann. Blutige Kriege, Revierstreitigkeiten unter Vögeln, das Versteckspielen von Raubtieren und ihren Opfern und sogar chemische Reaktionen sind alles Lebensäußerungen von Arten, die in Kontakt miteinander sind, weil sie sich zur selben Zeit am selben Ort befinden.

Was die mathematischen Modelle dieser Prozesse alle gemeinsam haben, ist, daß sie über die Änderungen, die im Laufe der Zeit und im Raum stattfinden, Buch führen. Dies werden wir weiter unten in diesem Kapitel sehen. Diese Änderungen werden beschrieben durch Änderungsraten wie die Reproduktionsrate, die Infektionsrate oder die Fangquote. Aber Raten bedeuten Ableitungen und so verwundert es nicht, daß die Modelle als Differentialgleichungen ausgedrückt werden. Dies ist ein riesiges und manchmal sehr schwieriges Gebiet, von dem wir im nächsten Abschnitt gerade so viele grundlegende Ideen extrahieren werden, daß wir einen Einblick in eine Fülle von Modellen gewinnen können. Über die analytischen Methoden hinaus ist es instruktiv, mit dem Computer erzeugte Bilder einzusetzen, um numerisch integrierte Lösungen darzustellen. Das werden im ganzen Kapitel machen. Das epidemische Modell wird in Abschnitt 4.5 diskutiert, wobei wir auch einen kurzen Einblick in die chaotische Dynamik erhalten, heutzutage ein Gebiet von großem Interesse.

Eine besondere Form des Konkurrenzkampfes ist der Markt, wo der Wettbewerb zwischen geschäftlichen Konkurrenten stattfindet. Im Kapitel 4.3 wird ein vereinfachtes Modell des Marktes vorgestellt, in dem Güter ge- und verkauft werden. Jeder Produzent versucht, den höchstmöglichen Preis pro verkaufter Einheit zu erzielen, während jeder Käufer möglichst wenig zu zahlen versucht. Angebot und Nachfrage sind beide Funktionen des Preises und die Frage ist, ob die Gesetze des Handels jemals die Preise auf ein Niveau bringen, bei dem Angebot und Nachfrage im Gleichgewicht sind.

Der Konkurrenz sind wir in Form von politischem Einfluß in früheren Kapiteln bereits schon begegnet. Das bedeutet, daß es noch einen subtileren Aspekt als den brutalen Kampf um Vorherrschaft in den hier vorgestellten Modellen gibt, nämlich von Verhandlungen oder gar Zusammenarbeit, die den Alles-oder-Nichts-Ansatz zum Überleben umgehen. Wir kommen darauf im sechsten Kapitel zurück.

## 4.2 Gleichgewicht und Stabilität

Da alle Modelle in diesem Kapitel Differentialgleichungen beinhalten, müssen wir zuerst einige Eigenschaften von Systemen von linearen Differentialgleichungen erster Ordnung in $k$ Unabhängigen $x_i(t), 1 \leq i \leq k$ zusammenstellen. Die $x_i$ definieren den Zustand eines dynamischen Systems in Abhängigkeit von einer Variablen $t$, die wir als Zeit bezeichnen:

$$
\begin{aligned}
x_1' &= f_1(x_1, \ldots x_k) \\
&\vdots \qquad \vdots \\
x_k' &= f_k(x_1, \ldots, x_k) \, .
\end{aligned} \tag{4.1}
$$

Der Strich bedeutet Differentiation nach $t$ (um die Notation einfacher zu halten, unterdrücken wir in Gleichung (4.1) und allen folgenden die explizite Zeitabhängigkeit der Variablen), und die $f_i$ sind beliebige nichtlineare Funktionen der $k$ Variablen. Ein spezielles Beispiel für das, was wir dabei im Kopf haben, ist durch das nachfolgende System aus zwei Gleichungen gegeben, von dem eine Variante im nächsten Abschnitt betrachtet wird:

$$\begin{aligned} x_1' &= r x_1 (1 - x_1) - x_1 x_2 \\ x_2' &= x_2 (p x_1 - c) \,. \end{aligned} \tag{4.2}$$

Dabei sind $r$, $p$ und $c$ positive Konstanten. Die Nichtlinearität kommt aus der Tatsache, daß die rechte Seite der Gleichungen Produkte der Variablen enthält. Weitere Beispiele folgen später, aber im Moment halten wir die Diskussion etwas abstrakter.

Eine kompakte Version von Gleichung (4.1) ist

$$x' = f(x) \,, \tag{4.3}$$

was wir durch die Vektor-Notation erreicht haben:

$$x(t) = \begin{pmatrix} x_1(t) \\ \vdots \\ x_k(t) \end{pmatrix}, \ x'(t) = \begin{pmatrix} x_1'(t) \\ \vdots \\ x_k'(t) \end{pmatrix} \text{ und } f(x) = \begin{pmatrix} f_1(x) \\ \vdots \\ f_k(x) \end{pmatrix}.$$

Der Vektor $x(t)$ definiert den Zustand des dynamischen Systems zur Zeit $t$ und beschreibt eine Lösungskurve im $k$-dimensionalen Raum, die *Trajektorie* genannt wird. Sie beschreibt, wie sich das System im Laufe der Zeit bewegt.

Wir nehmen einmal an, daß die Gleichungen eine geeignete Darstellung eines beobachtbaren Prozesses sind, und so ist es auch intuitiv klar, daß die Gleichungen Lösungen besitzen, die die reale Zeitentwicklung des Prozesses beschreiben. Genauer nehmen wir noch an, daß es, wenn der Zustand des Systems zur Zeit $t = 0$ durch den Anfangswert $x_0$ beschrieben wird, genau eine vektorwertige Funktion $x(t)$ gibt, die für alle Zeiten $t$ definiert ist und für $t = 0$ durch $x_0$ geht. An die Funktion $f$ können Bedingungen gestellt werden, die gewährleisten, daß es exakt eine Lösung mit diesen Eigenschaften gibt. Aber wir lassen die Details aus, da wir bereits glauben, daß die Gleichungen passend für die Beschreibung der zugrundeliegenden Prozesse aufgestellt wurden. Abschnitt 4.2 des Buches von Redheffer, das in Abschnitt 4.7 erwähnt ist, liefert die mathematischen Details, die hier ausgelassen sind. Die Bedingung der Eindeutigkeit ist besonders wichtig, da sie uns auch sagt, daß die Zeitentwicklung eines dynamischen Systems entlang verschiedener Trajektorien verschiedenen Pfaden folgt; würden sich nämlich zwei Trajektorien kreuzen, dann wäre der Kreuzungspunkt ein Anfangspunkt, von dem zwei Trajektorien aus starten, was die Eindeutigkeit verletzt.

Gleichungen (4.1) und (4.3) sind Systeme erster Ordnung, da jede nur die Variablen $x_i$ sowie deren erste Zeitableitungen enthält. Jede Gleichung $k$-ter Ordnung, die also Ableitungen bis zum Grad $k$ enthält, kann auf ein System von $k$ Gleichungen erster Ordnung reduziert weden. Zum Beispiel wird aus der einen Gleichung zweiter Ordnung

$$y'' + \sin y = 0$$

mit $x_1 = y$ und $x_2 = y'$

$$\begin{aligned} x_1' &= x_2 \\ x_2' &= -\sin x_1 \, . \end{aligned}$$

Manche Lösungen hängen nicht von der Zeit ab. Diese Zustände heißen *Gleichgewichtslösungen* und sind definiert durch Positionen $x$, für die die Zeitableitung $x'$ verschwindet. Im Gleichgewicht bewegt sich nichts mehr. Zum Beispiel sind für Gleichung (4.2) die folgenden drei Vektoren die Gleichgewichtszustände:

$$\begin{pmatrix} 0 \\ 0 \end{pmatrix} , \begin{pmatrix} c/p \\ 0 \end{pmatrix} \text{ und } \begin{pmatrix} c/p \\ r - rc/p \end{pmatrix} .$$

Uns interessiert jetzt, was mit einer Trajektorie im Laufe der Zeit passiert. Ein Gleichgewichtszustand $q$ heißt *Attraktor*, der *asymptotisch stabil* ist, wenn alle Trajektorien, die in einer genügend kleinen Umgebung von $q$ starten, ihm im Laufe der Zeit beliebig nahe kommen. Genauer gibt es eine Menge $\Omega$ von Anfangszuständen $x_0$, so daß die Lösung durch $x_0$ in einer beliebig kleinen Umgebung von $q$ liegt, wenn nur $t$ groß genug wird. Die größte Menge $\Omega$, für die dies gilt, heißt *Einzugsbereich des Attraktors* $q$. Ein Zustand $q$ kann auch kein Punktattraktor sein, wenn die Trajektorien, die nahe genug bei $q$ beginnen, immer in einer beschränkten Umgebung von $q$ bleiben, sich aber nicht auf ihn zube-wegen. In diesem Fall sagen wir, daß $q$ stabil, aber nicht asymptotisch stabil ist. Existiert dagegen keine solche beschränkte Umgebung, dann heißt $q$ *instabil*. Ein instabiler Gleichgewichtszustand stößt mindestens eine Trajektorie in seiner Umgebung ab.

Es gibt auch Attraktoren, die keine Gleichgewichtszustände sind. Tra-jektorien, die in einer Menge $\Omega$ von Anfangszuständen beginnen, können auch zu einem geschlossenen Orbit hin streben, der eine periodische Lösung der zugrundeliegenden Differentialgleichungen repräsentiert. Eine Illustration dazu wird geliefert durch die Gleichungen

$$
\begin{aligned}
x_1' &= x_2 - \left(\tfrac{1}{3}x_1^3 - x_1\right) \\
x_2' &= -x_1\,,
\end{aligned}
$$

deren Lösungen in Bild 4.1 über der $x_1$-$x_2$-Ebene aufgetragen sind.

Es gibt einen einzigen, instabilen Gleichgewichtszustand im Ursprung, weil er alle Trajektorien in seiner Umgebung abstößt. Diese Trajektorien laufen in Spiralen nach außen auf eine zyklische Trajektorie zu, während alle Lösungen, die außerhalb beginnen, von außen auf ihn zulaufen.

Es gibt noch weitere, kompliziertere Arten von Attraktoren, aber un-ser Interesse wird hauptsächlich auf asymptotisch stabile Attraktoren beschränkt bleiben.

Unsere Aufgabe ist jetzt, Punkt-Attraktoren von verschiedenen Glei-chungssystemen zu identifizieren. Der einfachste Fall ist der einer einzi-gen nichtlinearen Gleichung, bei der $x$ eine skalare Funktion ist ($k = 1$). Obwohl solche Gleichungen manchmal explizit gelöst werden können, gibt es viele interessante Fälle, bei denen es einen direkteren Zugang zur Frage gibt, was mit den Trajektorien für größer werdendes $t$ geschieht. Um die Gleichgewichtszustände von $x' = f(x)$ zu finden, löst man zu-erst die algebraische Gleichung $f(x) = 0$. Ist $q$ eine solche Wurzel der Gleichung, dann betrachtet man das Vorzeichen von $f(x)$ in der Nähe von $q$. Ist $f(x)$ und damit auch die Ableitung von $x(t)$ positiv, dann folgern wir daraus, daß $x(t)$ anwächst.

In Bild 4.2 zeigen wir ein typisches $f(x)$, das die $x$-Achse in drei Punkten $q_1$, $q_2$ und $q_3$ schneidet. Das sind die Gleichgewichtszustände von $x' = f(x)$, und mit Blick auf das Vorzeichen von $f$ sehen wir

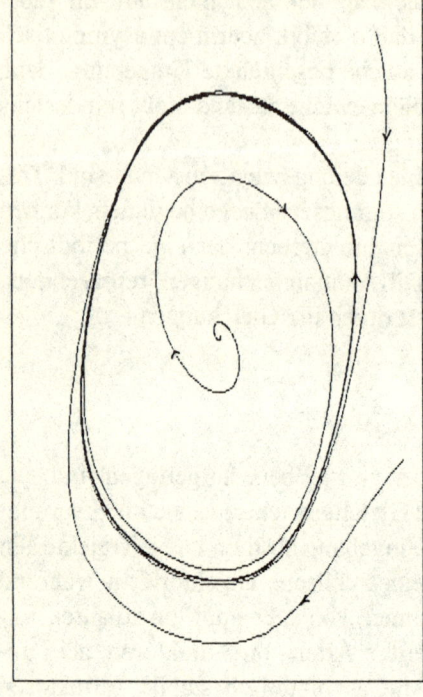

**Bild 4.1**
Ein geschlossener Orbit ist ein
periodischer Attraktor

sofort, daß $q_1$ und $q_3$ Attraktoren sind und daß $q_2$ instabil ist. Die Pfeile
bezeichnen die Richtung der eindimensionalen Trajektorie $x(t)$.

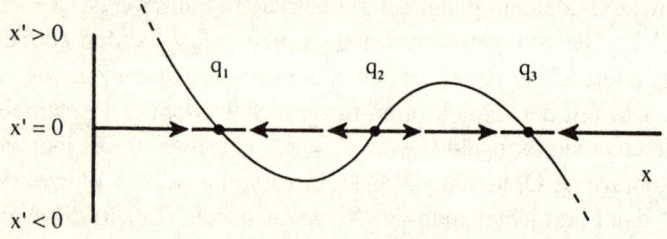

**Bild 4.2**  Stabile und instabile Gleichgewichtszustände

Um unsere Diskussion etwas konkreter zu machen, leiten wir jetzt
eine Gleichung her, die einen Wachstums- und Schrumpfungsprozeß be-

schreibt, der von einigem Interesse ist. Die Population eines Organismus wachse mit einer konstanten Rate $r$. Das bedeutet, daß die Differenz von Geburten und Todesfällen pro Populationseinheit konstant ist. Das heißt, wenn sich drei Zellen von Tausend in jeder Minute teilen und eine von Tausend stirbt, dann ist die Rate gleich 0,002. Sei $x(t)$ die Gesamtgröße der Population zur Zeit $t$ bei einem Anfangsstand von $x(0) = x_0$. Nimmt man $r$ als positiv an, dann beträgt die Wachstumsrate der Population einfach $x'(t) = rx(t)$. Wie man leicht nachrechnen kann, hat diese Differentialgleichung eine entsprechend einfache Lösung, nämlich $x(t) = x_0 e^{(rt)}$. Das bedeutet, daß die Population exponentiell von ihrem Startwert aus wächst. Obwohl dies für einige Arten von Lebewesen einschließlich des Menschen für eine relativ kurze Zeit ihrer Geschichte ungefähr stimmt, übertreibt es aber kraß, was das Verhalten über längere Zeiträume betrifft. Wir bekommen ein besseres Modell, wenn wir in betracht ziehen, daß eine eventuelle Übervölkerung wegen Krankheiten und dem schärferen Kampf um schwindende Ressourcen die Geburtenrate sinken und die Sterberate steigen läßt. Daraus folgern wir, daß die Konstante $r$ durch eine Rate ersetzt werden muß, die selbst sinkt, wenn die Individuenzahl steigt. Eine Möglichkeit dafür ist, $r$ durch $rx(1 - x/K)$ zu ersetzen, wobei $K$ die maximal mögliche Individuenzahl in einem vorgegebenen Lebensraum bedeutet. Nehmen wir nun an, daß eine Population das Ziel von Ausbeutung durch Fischerei oder Jagd. Auch die Algen im Ozean, die von kleinen Krustentieren abgeweidet werden oder die Völkerwanderung von Menschen aus einer Gegend in eine andere sind Beispiele für Populationsänderungen. $E > 0$ bezeichne die Rate, mit der die Spezies aus dem Beobachtungsgebiet verschwindet. Dann wird die Gleichung für die Wachstumsrate der Population zu

$$ x' = rx \left( 1 - \frac{x}{K} \right) - Ex \ . \tag{4.4} $$

Der erste Term auf der rechten Seite ist das Nettowachstum der Spezies aufgrund der ihr eigenen Dynamik von Geburten und Todesfällen, während der zweite den äußeren Effekt des Verschwindens aus dem Beobachtungsgebiet erfaßt. Schließlich beschreibt $E$, wenn es als positiv angenommen wird, den Zustrom der Individuen in die Region, wie die Einwanderung von Menschen oder das Aussetzen von Fischen, oder auch eine massive Algenwanderung im Ozean aufgrund einer plötzlichen Meeresströmung.

Gleichung (4.4) kann man auch anders schreiben:

$$x' = (r - E)x \left(1 - \frac{x}{K(1 - E/r)}\right).$$

Damit gibt es offenkundig zwei Gleichgewichtszustände, nämlich bei $x = 0$ und $x = K(1 - E/r)$. Zeichnet man sich die rechte Seite der Gleichung auf, dann sieht man, daß sie ist zwischen Null und $K(1 - E/r)$ positiv ist und sonst negativ. Daraus folgern wir wie oben, daß der Nullpunkt instabil ist, während $K(1 - E/r)$ ein Attraktor ist. Das bedeutet, daß die Population zwangsläufig von kleinen Werten bis zu einem Maximalwert anwachsen wird, der gegen $K$ geht, wenn $E$ gleich Null gesetzt wird. Ist das sinnvoll? In einigen Situationen, wie zum Beispiel bei Bakterien, die mit Nährstoffen in einem Becherglas gehalten werden, scheint das genau das zu sein, was passiert, und es ist auch eine annehmbare Näherung für die menschliche Population. Trotzdem ist das Modell auf einige fragwürdige Annahmen aufgebaut, die Vorsicht bei seiner Anwendung fordern. Wir kehren darauf im nächsten Abschnitt zurück. Aber jetzt soll unser Ziel die Betrachtung der mathematischen Seite dieser und anderer nichtlinearer Gleichungen sein.

Ein anderer Zugang zur Entscheidung, ob ein Gleichgewichtszustand ein Attraktor ist, basiert auf der Idee, die nichtlineare Gleichung $x' = f(x)$ durch eine lineare Gleichung anzunähern, die leicht lösbar ist. Wenn $q$ ein Gleichgewichtszustand ist, erlaubt uns der Taylorsche Satz aus der Analysis, $f(x)$ als $f(q) + f'(q)(x - q) +$ höhere Terme in $(x - q)$ zu schreiben (wir nehmen an, daß $f$ mindestens zweimal differenzierbar ist). Für ein $x$, das nahe genug bei $q$ liegt, sind die Terme höherer Ordnung vernachlässigbar, und damit kann man die ursprüngliche Gleichung durch $u' = au$ annähern, wenn man Terme in $(x-q)^2$ und höherer Ordnung vernachlässigt. Dabei ist $a = f'(q)$ und $u = x - q$ (beachte, daß $f(q) = 0$). Das gibt uns die *Linearisierung* von $x' = f(x)$ um den Gleichgewichtszustand $q$, und die Behauptung ist gerechtfertigt, daß die Lösung der linearisierten Gleichung ein Abbild der nichtlinearen Lösung ist. Die Gleichung $u' = au$ hat die Lösung $u(t) = u_0 e^{at}$, wobei $u_0$ der Anfangswert von $u$ ist, nämlich $x(0) - q$. Wenn $a$ negativ ist, strebt

$u(t)$ offenkundig mit gegen Unendlich strebender Zeit gegen Null, seinen Gleichgewichtszustand. Ist $a$ positiv, dann wächst die Lösung über alle Schranken und der Ursprung ist instabil. Da die Bewegung von $u$ gegen Null gleichwertig damit ist, daß $x$ gegen $q$ strebt, wird klar, daß $q$ ein Attraktor für die nichtlineare Lösung ist, wenn Null ein Attraktor für seine lineare Version ist. Das führt uns zum nächsten Ergebnis, das unsere Vermutung bestärkt.

**Lemma 4.1** *Sei $q$ ein Gleichgewichtszustand der skalaren Gleichung $x' = f(x)$, wobei $f$ zweimal differenzierbar ist und sei $a = f'(q)$. Dann ist $q$ ein Attraktor, falls $a < 0$ ist; es ist instabil, falls $a > 0$.*

*Beweis:* Mit $u = x - q$ schreiben wir die Gleichung $x' = f(x)$ als

$$u' = au + g(u) \,.$$

Dabei bezeichnet $g(u)$ die Terme in $u$ von zweiter und höherer Ordnung. Die Funktion $g$ erfüllt $g(0) = 0$ und $g'(0) = 0$. Außerdem ist $g'$ stetig, d. h. für vorgegebenes $\epsilon$ findet man ein $\delta$, das klein genug ist, so daß $|u| < \delta$ wird und $|g'(u)| < \epsilon$. Jetzt ist aber

$$g(u) = \int\limits_0^u g'(s) \, \mathrm{d}s \,,$$

damit $|g(u)| < \epsilon|u|$, wenn nur $|u| < \delta$. Angenommen, $a$ ist negativ. Dann ist $a < -\epsilon$ für genügend kleines $\epsilon$. Das bedeutet, daß für $0 < u < \delta$ gilt: $u' = au + g(u) < -\epsilon u + \epsilon u = 0$. Analog ist $u'$ positiv, falls $-\delta < u < 0$. In beiden Fällen folgt, daß, wenn $|u| < \delta$ gewählt wird, $u(t)$ mit wachsendem $t$ gegen Null strebt. Wenn $a$ positiv ist, zeigt ein analoges Argument, daß der Ursprung instabil ist. Das Ergebnis folgt dann leicht aus der Tatsache, daß $x = u + q$. □

Damit haben wir die Frage der Stabilität für eine skalare Gleichung gelöst. Man kann natürlich auch manchmal (aber nicht immer) die Gleichung explizit lösen und damit das Langzeitverhalten direkt ermitteln, wie im Fall der Gleichung (4.4) (Übung 4.6.1). Aber sobald wir über den Fall einer einzigen Gleichung hinausgehen, verringert sich die Wahrscheinlichkeit, die Gleichung explizit zu lösen, drastisch und man ist auf Ersatzlösungen angewiesen. Wir illustrieren ein solches Verfahren für ein Paar von Gleichungen ($k = 2$), das sich als zweidimensionales Analogon dessen herausstellt, was wir im eindimensionalen Fall getan haben. Konkret betrachten wir den Fall von zwei gekoppelten Gleichungen, die den Konkurrenzkampf zweier Populationen mit Populationsstärken $x_1$ und $x_2$ beschreiben, die ein gemeinsames Gebiet bewohnen. Jede Spezies kann für sich allein gedeihen und unabhängig von der anderen einem Wachstumsgesetz der Form (4.4) gehorchen mit $E = 0$. In der biologischen Literatur wird sie als *Logistische Gleichung* bezeichnet. Wenn die zwei Arten aber miteinander um Nahrung und andere begrenzte Ressourcen konkurrieren müssen, behindert jede die andere und verringert damit die Möglichkeit der anderen, sich voll auszubreiten. Das ist eine Form von gegenseitiger Ausbeutung, die wir durch Terme beschreiben, die proportional zum Produkt der beiden Populationen sind, da so die Möglichkeit einer Begegnung beider Arten gemessen wird:

$$x_1' = rx_1\left(1 - \frac{x_1}{K}\right) - ax_1x_2$$

$$x_2' = sx_2\left(1 - \frac{x_2}{L}\right) - bx_1x_2 \ . \tag{4.5}$$

Alle Konstanten sind positiv, wobei $s$ die spezifische Vermehrungsrate der zweiten Art und $L$ die maximale Populationsstärke bezeichnet, die sie theoretisch innerhalb der Region erreichen kann. Die Koeffizienten $a$ und $b$ messen den Konkurrenzvorteil der einen Art über die andere. Wächst $a$ zum Beispiel an, dann bedeutet dies, daß die zweite Spezies darin effektiver wird, die andere zu übervorteilen, zu unterwerfen oder auch nur zu behindern. Natürlich ist dieses Modell nur eine Karikatur dessen, was tatsächlich zwischen zwei oder mehr Arten abläuft, aber sein Nutzen liegt darin, daß es eine allgemein angenommene Umschreibung des rauhen Kampfes um Vorherrschaft in der Natur ist. Wir werden in einem späteren Kapitel noch Gelegenheit dazu haben, eine Verallgemeinerung dieser Gleichungen zu behandeln, die explizit die räumliche Beweglichkeit mit einbezieht, etwas, was nur implizit in der vorliegenden Version vorhanden ist. Der räumliche Hintergrund ist sozusagen

„eingefroren".

Die Gleichungen (4.5) haben verschiedene Gleichgewichtszustände. Die algebraischen Gleichungen, die man erhält, wenn man $x_1'$ und $x_2'$ unabhängig voneinander verschwinden läßt, heißen *Nulllinien*, und die Schnittpunkte dieser Nulllinien sind die Punkte in der Ebene, wo die Gleichgewichtszustände auftreten, da hier beide rechte Seiten simultan verschwinden. Eine leichte Rechnung zeigt, daß es vier Möglichkeiten für Gleichgewichtszustände im ersten Quadranten gibt. (Jede Lösung, bei der mindestens eines der $x_i$ negativ wird, macht in der Natur keinen Sinn und wird deshalb nicht zugelassen). Zuerst gibt es den uninteressanten Fall, bei dem beide Populationsstärken gleich Null sind, dann zwei Fälle, in denen eine der beiden (aber nicht beide) Arten gleich Null ist, schließlich den Fall, bei denen die beiden Nulllinien sich bei positiven Werten für beide Arten schneiden. Wir suchen uns eine spezifische Situation heraus und betrachten Paramter, für die $r/L < a$ und $s/K < b$. Dann müssen die Nulllinien sich im ersten Quadranten schneiden, wo keine Spezies gleich Null ist. Das wird in Bild 4.3 gezeigt. Andere Möglichkeiten werden in Übung 4.6.3 betrachtet. Wir kehren jetzt wieder zur Idee zurück, die Vorzeichen der Ableitungen zu betrachten, ein Mittel, das im Fall einer einzigen skalaren Gleichung so gut gewirkt hat.

Zuerst berechnen wir die positiven Gleichgewichtszustände für $x_1$ und $x_2$ aus den Gleichungen (4.5); die Nulllinien sind die Geraden in Bild 4.3. Wenn $x_1$ einen Wert besitzt, der rechts der Linie $x_2' = 0$ liegt, dann ist die Ableitung von $x_2$ negativ, während sie links von dieser Geraden positiv ist. Analog ist für Werte von $x_2$ oberhalb der Nulllinie $x_1' = 0$ die Ableitung von $x_1$ negativ und wechselt das Vorzeichen, wenn die Gerade gekreuzt wird. Die Vorzeichen der Abbildung sagen uns, ob die Variablen wachsen oder fallen, und das gibt uns natürlich einen Hinweis auf die Flußrichtung der Lösungskurven, nämlich der Trajektorien. Ist zum Beispiel $x_1' = 0$, dann heißt das, daß die $x_1$-Variable beim Schneiden der Nulllinie vertikal verlaufen muß.

Nimmt man all diese Informationen zusammen, so läßt sich eine grobe Skizze des Flusses der Trajektorien machen, ein nützliches Hilfsmittel, mit dem man beträchtlichen Einblick in die Dynamik der Modellgleichungen bekommt. Um diese Methode zu veranschaulichen, betrachten

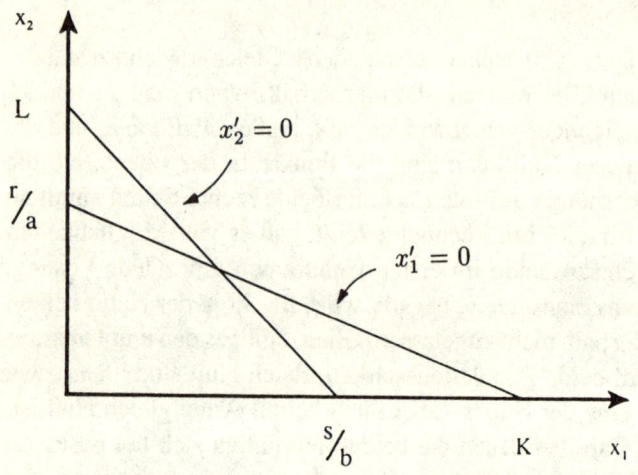

**Bild 4.3** Nulllinien für das Konkurrenzmodell in Gleichung (4.5)

wir das Gebiet, das oberhalb und rechts der beiden Geraden in Bild 4.3 liegt. Beide Ableitungen sind hier negativ und damit verläuft der Fluß gleichzeitig abwärts und nach links. Da alle Trajektorien glatte Kurven sind (die Funktionen $f_i$ in den Differentialgleichungen werden zumindest als differenzierbar angenommen), ist ihre Krümmungsrichtung dadurch bestimmt, ob sie die Nulllinien senkrecht oder waagrecht schneiden müssen. Einige Trajektorien müssen sich in die eine Richtung krümmen, andere entgegengesetzt. Das ist in Bild 4.4 aufgezeichnet, wo typische Trajektorien in allen Teilen des Quadranten beginnen. Beachte, daß die horizontale und vertikale Achse auch Lösungen der Gleichungen (4.5) sind, da dies ja bedeutet, daß man entweder $x_1'$ oder aber $x_2'$ verschwinden läßt. Daraus folgt, daß keine Trajektorie, die im ersten Quadranten beginnt, diesen jemals verlassen kann, da sie sonst eine der Achsen schneiden müßte, was die Eindeutigkeit der Lösungen verletzen würde. Damit nähern sich die Trajektorien in Bild 4.4 immer mehr den Gleichgewichtszuständen, erreichen sie aber nie.

In Bild 4.4 streben alle Lösungen zu einem der beiden Attraktoren, bei dem eine von beiden Arten verschwindet, je nach Anfangszustand. Offenkundig bedrängen sich die beiden Arten in hohem Maße, so daß eine

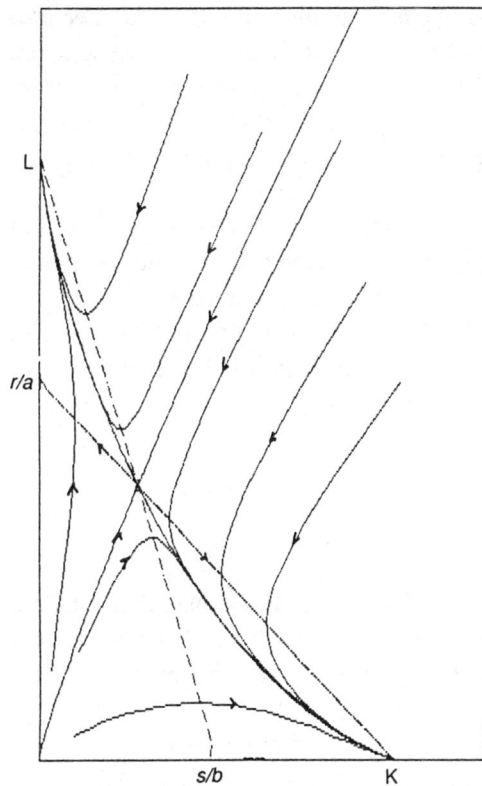

**Bild 4.4**
Trajektorien für das
Konkurrenzmodell (4.5)

von beiden ausgeschlossen wird, was man *Ausschluß durch Konkurrenz* nennt. Die einzige Ausnahme davon sind die beiden Kurven, die zu dem instabilen Gleichgewicht hin streben, bei dem beide Arten koexistieren. Diese Kurven definieren eine *Separatrix*, weil sie alle anderen Trajektorien in zwei disjunkte Klassen einteilen, nämlich in solche, die nach $(0, L)$, und jene, die nach $(K, 0)$ streben. Diese unsichere Koexistenz verlangt, daß die Anfangswerte der Variablen genau richtig gewählt sein müssen, was schlicht unmöglich ist. Alle Zustände neben diesem und dem Ursprung gehören zum Einzugsbereich je eines der beiden Attraktoren. Der Ursprung ist ein instabiler Gleichgewichtszustand.

Insgesamt sehen wir also, daß die rauhe Konkurrenz zwischen Arten unausweichlich zur Auslöschung einer von ihnen führt. Sie können also nicht genau dieselbe ökologische Nische einnehmen. Auf der anderen Seite kann eine andere Wahl der Konstanten $a$ und $b$ auch in diesem Modell zur Koexistenz führen, was voraussetzt, daß die Arten verschiedene oder zumindest überlappende ökologische Nischen besetzen. Die Konkurrenz ist in diesem Fall nicht so hart (Übung 4.6.3).

Ein anderer, mehr analytischer Zugang zum selben Problem, ahmt die oben verwendete Linearisierung der skalaren Gleichung nach, aber eine Diskussion dieses Verfahrens würde uns weiter als erwünscht vom Thema wegführen. Der intuitiv befriedigende Ansatz der Nulllinien, den wir hier vorgeführt haben, wird ein ausreichendes Hilfsmittel für die in diesem Kapitel betrachteten Modelle sein.

## 4.3  Marktdynamik

Wir wollen nun ein vereinfachtes Modell der Marktdynamik aufstellen, das uns als Metapher dafür dienen soll, wie die wirkliche Wirtschaft funktioniert. Das Modell ist nicht nur für sich selbst interessant, sondern wir können daran einen anderen Zugang zur Beantwortung der Frage einführen, wann Gleichgewichtszustände Attraktoren sind.

Wir stellen uns die folgende Situation vor, die wieder nur eine Karikatur dessen ist, wie der Handel im freien Markt stattfindet. Menschen kommen auf den Markt, um Waren zu verkaufen. Der Wille, zu kaufen oder zu verkaufen, hängt ab vom Preis einer jeden Ware. Damit werden Angebot und Nachfrage zu Funktionen des Preises. Die Frage, die uns hier interessieren soll, ist, ob ein Preis jemals ein Niveau erreichen kann, bei dem Angebot und Nachfrage im Gleichgewicht sind. Sei

$$p = \begin{pmatrix} p_1 \\ \vdots \\ p_m \end{pmatrix}$$

98

eine Menge von Preisen für $m$ verschiedene Klassen von Waren. Gesamtangebot und -nachfrage für Ware $i$ zu diesen Preisen sind irgendwelche nichtlineare Funktionen $a_i(p)$ und $n_i(p)$, die wir nicht genauer festlegen müssen. Der Nachfrage-Überschuß für die $i$-te Ware ist dann $f_i(p) = a_i(p) - u_i(p)$, was einen $m$-komponentigen Vektor $f(p)$ ergibt. Falls ein beliebiger Preis $p_0$ am Anfang des Geschäftsjahres festgelegt wurde, wird er wahrscheinlich für manche Teilnehmer zu hoch, für andere zu niedrig sein. Die Prämisse, die wir machen, ist, daß die Preise sich kontinuierlich mit der Zeit durch den Handelsprozeß anpassen gemäß

$$p' = f(p) \,,$$

wobei wir uns $p$ jetzt als Funktion der Zeit denken. Jede Komponente von $p$ steigt, wenn die zugehörige Komponente von $f(p)$ positiv ist, und fällt, wenn sie negativ ist.

Dieses System von $m$ Differentialgleichungen besitze nun ein eindeutig bestimmtes Gleichgewicht bei irgendeinem Preis $q$. Wenn wir zeigen können, daß $q$ ein Attraktor ist, dann bedeutet dies, daß sich die Preise so lange ändern, bis der Nachfrage-Überschuß verschwindet. Dann wird der Markt als stabil angesehen.

Der Handel findet statt, wenn der Markt ein stabiles Gleichgewicht erreicht hat. Dieses Marktmodell ahmt ein abgeschlossenes ökonomisches System nach, bei dem eine feste Anzahl von Teilnehmern Waren einkaufen können, aber nur mit Geld, das sie beim Verkauf anderer Waren eingenommen haben. Das bedeutet im Endeffekt, daß, wenn die Preise im Gleichgewicht sind, die gesamte ausgegebene Geldmenge gleich der durch Verkäufe eingenommenen sein muß.

Wäre nun $p' = f(p)$ eine skalare Gleichung, dann wäre es einfach zu bestimmen, ob $q$ ein Attraktor ist, indem man einfach wie im vorangegangenen Abschnitt auf das Vorzeichen der Ableitung $p'$ schaut. Im Fall eines Vektors muß man aber anders vorgehen. Dazu betrachten wir das Quadrat der Euklidischen Längendifferenz zwischen $p(t)$ und $q$ zur Zeit $t$:

$$D(p(t)) = \tfrac{1}{2}\|p(t) - q\|^2 = \tfrac{1}{2}\sum_{i=1}^{m}(p_i(t) - q_i)^2 \,,$$

wobei $q_i$ die $i$-te Komponente von $q$ bezeichnet. Der Faktor $\tfrac{1}{2}$ erscheint nur, um das Folgende zu vereinfachen.

Differenziert man $D(p(t))$ nach $t$, so erhält man

$$D'(p(t)) = \sum_{i=1}^{m}(p_i(t) - q_i)p_i' \, .$$

Da $p_i' = f_i$ ist, können wir diesen Ausdruck mit der Bezeichnung $u \cdot v$ für das Skalarprodukt zweier Vektoren $u$ und $v$ umschreiben:

$$D'(p(t)) = (p(t) - q) \cdot f(p) = p \cdot f(p) - q \cdot f(p)$$

(vgl. auch Anhang C über Vektorfunktionen). Der erste Term auf der rechten Seite ist

$$\sum_{i=1}^{m} p_i(t)(n_i(p) - a_i(p)) \, ,$$

was die Gesamteinnahmen aus dem Verkauf von Waren und die Gesamt-
ausgaben aus dem Konsum darstellt. Da unser System abgeschlossen ist
und die Gesamtmenge des Geldes erhalten bleibt, muß die Differenz
verschwinden. Dies wird bezeichnet als das *Gesetz von Walras*, nach
dem Schweizer Wirtschaftswissenschaftler:

$$p(t) \cdot f(p) = 0 \, . \tag{4.6}$$

Damit folgt nun, daß $D'(p(t)) = -q \cdot f(p)$ ist und wir machen die
zusätzliche Annahme, daß diese Größe immer negativ ist für alle $p$
ungleich $q$. Die Aussage kann mit plausiblen ökonomischen Argumenten
begründet werden (siehe z. B. die Artikel von Arrow und Hurwicz, auf
die in Abschnitt 4.7 verwiesen wird), aber das wollen wir hier nicht tun.

Aus der Negativität von $D'$ folgt, daß der Abstand zwischen $p(t)$
und $q$ mit der Zeit immer mehr abnimmt, und – das werden wir gleich
zeigen – tatsächlich nähert sich auch $p(t)$ von jedem Anfangswert $p_0$
immer mehr $q$ an im Zustandsraum aller möglichen Preise. Damit ist $q$
ein globaler Attraktor.

Da $D(p(t))$ nach unten durch Null beschränkt (für $p = q$) und streng abnehmend ist, folgt daraus, daß es zu einem bestimmten Wert $d \geq 0$ konvergiert. Wir wollen zeigen, daß $d = 0$ ist. Angenommen, dieser Wert sei wirklich größer als Null. Da $D(p(t))$ stetig ist in $p(t)$ und ungleich Null, folgt daraus, daß $|D(p(t))| \geq s$ für ein genügend kleines $s > 0$. Mit $D_r$ bezeichnen wir nun die Menge aller Vektoren $p$, deren quadrierter Euklidischer Abstand von $q$ höchstens gleich $r$ ist, wobei $r$ strikt kleiner als $s$ ist: $\frac{1}{2}\|p - q\|^2 \leq r < s$. Dann dringt die Trajektorie $p(t)$ niemals in die Menge $D_r$ ein. Für jeden Anfangswert $p_0$ ist der Abstand zu $q$ gleich $R = \frac{1}{2}\|p - q\|^2$, damit liegt die Trajektorie für alle Zeiten $t \geq 0$ in einer begrenzten und abgeschlossenen Menge $S$, die durch diejenigen Preisvektoren $p$ definiert ist, für die folgende Ungleichung gilt: $s \leq \frac{1}{2}\|p - q\|^2 \leq R$. Die stetige Funktion $D'(p(t))$ hat ein Maximum auf der Menge $S$, das streng negativ ist: $D'(p(t)) < -\alpha$ für ein positives $\alpha$. Damit gilt:

$$D(p(t)) = R + \int_0^t D'(p(s)) \, \mathrm{d}s < R - \alpha t \, ,$$

was mit wachsendem $t$ gegen $-\infty$ strebt. Das ist aber ein Widerspruch zur Tatsache, daß $D(p(t))$ durch $s$ nach unten beschränkt ist für alle Werte $p(t)$, woraus wir schießen, das in der Tat $d = 0$ ist. Die Preis-Trajektorie strebt zum Attraktor $q$ und der Markt ist stabil.

Die Abstandsfunktion $D$ ist ein Beispiel für eine *Ljapunov-Funktion*, zu Ehren des russischen Mathematikers A. M. Ljapunov. Obiges Argument, das uns zeigte, daß $D$ gegen Null strebt, ist eine Version des *Satzes von Ljapunov*, ein Ergebnis, das vielfach in der Literatur über Differentialgleichungen verwendet wird. Für eine Diskussion dieses Themas siehe auch Abschnitt 20.4 des Buches von Redheffer, das in Abschnitt 4.7 angegeben ist.

Wenn auf dem Markt nur zwei Waren gehandelt werden, kann obige Analyse beträchtlich vereinfacht werden. Zuerst können wir $f(0) > 0$ annehmen, da die Nettonachfrage immer positiv ist, wenn die Güter umsonst sind. Ist darüber hinaus $c$ eine positive Konstante, dann ist zu erwarten, daß $f(cp) = f(p)$. Das bedeutet, daß z. B. bei Verdopplung aller Preise sich die Nachfrage nicht ändert. Der Grund dafür ist, daß, obwohl sich der Wert der produzierten Güter verdoppelt hat, sich auch die Kosten verdoppelt haben. Die Inflation trifft also gleichermaßen Verbraucher und Produzenten. Damit gilt für zwei Güter mit Preisen $p_1$ und $p_2$ mit dem Preisverhältnis $p_1/p_2 = r$, daß $f_2(p_1, p_2) = f_2(p_1, rp_2) = f_2(1, r)$, da wir $p_1$ ausklammern können, ohne daß sich der Wert von $f_2$, die zweite Komponente des Vektors $\boldsymbol{f}(\boldsymbol{p})$, ändert. Damit schreiben wir $f_2(p_1, p_2)$ einfacher als Funktion $g(r)$ des Quotienten der beiden Preise. Analog erhalten wir aus Gleichung (4.6) $p_1 f_1 + p_2 f_2 = 0$, oder $f_1(p_1, p_2) = -p_2 f_2(p_1, p_2)/p_1 = -rg(r)$. Daraus erhalten wir die Differentialgleichungen für zwei Güter:

$$
\begin{aligned}
p_1' &= -rg(r) \\
p_2' &= g(r) \quad .
\end{aligned}
$$

Wir suchen aber nach einer Differentialgleichung für $r$. Dazu beachten wir, daß Gleichung (4.6) auch geschrieben werden kann als

$$
\boldsymbol{p} \cdot \boldsymbol{f}(\boldsymbol{p}) = \boldsymbol{p} \cdot \boldsymbol{p}' = \tfrac{1}{2}(\boldsymbol{p} \cdot \boldsymbol{p})' = 0 \, ,
$$

da $\boldsymbol{p}' = \boldsymbol{f}(\boldsymbol{p})$. Damit ist $\boldsymbol{p} \cdot \boldsymbol{p} = p_1^2 + p_2^2 = a^2$, wobei $a$ konstant ist. Daraus folgt

$$
p_1^2 + p_2^2 = p_1^2 + r^2 p_1^2 = p_1^2(1 + r^2) = a^2
$$

und damit $p_1 = a/(1 + r^2)^{1/2}$. Setzt man jetzt alles ineinander ein, so erhält man

$$
r' = \left(\frac{p_2}{p_1}\right)' = \frac{p_2'}{p_1} - \frac{p_2 p_1'}{p_1^2} = g(r)\frac{1 + r^2}{p_1} = g(r)\frac{(1 + r^2)^{3/2}}{a}
$$

oder auch

$$
r' = g(r)\frac{(1 + r^2)^{3/2}}{a} \, . \tag{4.7}
$$

102

Das Vorzeichen von $r'$ hängt vom Vorzeichen von $g(r)$ ab. Man zeigt nun, daß $g(r)$ mindestens eine positive Nullstelle hat, die dann ein Attraktor ist, oder, wenn es mehrere positive Nullstellen gibt, daß alle Lösungen zu einem dieser Gleichgewichtszustände streben. In beiden Fällen ist der Markt stabil (Übung 4.6.8). Der Schlüssel zum Verständnis ist dabei die Tatsache, daß Gleichung (4.7) eine skalare Gleichung ist und es deshalb ausreicht, das Vorzeichen der Ableitung $r'$ zu betrachten. Hat z. B. $g(r)$ die in Bild 4.5 gezeigte Form, dann sind beide äußeren Lösungen Attraktoren und alle Lösungen streben zum einen oder anderen.

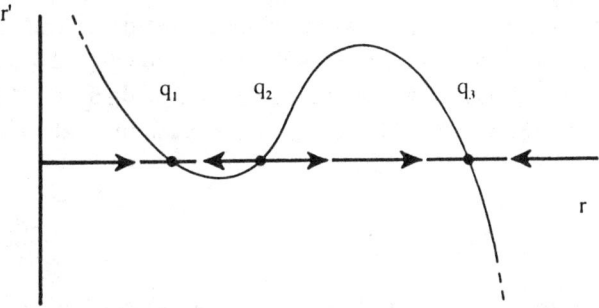

**Bild 4.5** Die Ableitung $r'$ als Funktion von $r$ mit drei Gleichgewichtswerten

## 4.4 Ein Katastrophenmodell des Fischfangs

Für Sardinen und ähnliche Fischarten scheint es schwierig zu sein, sich bei kleiner Population zu vermehren, ihre Fortpflanzungschancen werden aber mit steigender Dichte immer besser, bis hin zu einem Niveau, auf dem Übervölkerung wieder einen hemmenden Effekt auf die Fortpflanzung ausübt. Das kommt daher, daß sie in *Schwärmen* schwimmen, die groß und dicht gepackt sind, da dies mehr Schutz gegen Angreifer bietet. Anders als andere Arten, die einer logistischen Fortpflanzungsrate $r(1 - x/K)$ folgen, die linear mit wachsender Dichte $x$ sinkt, kann die Fortpflanzungsrate der Sardinen wohl besser durch einen Term beschrieben werden, der niedrig anfängt, dann für einige Zeit mit $x$ anwächst, um schließlich wieder abzusinken. Das würde eine eine anfangs geringe Wachstumsrate widerspiegeln, die dann mit der Populationsdichte $x$ anwächst und wieder absinkt, wenn $x$ groß ist. Ein einfaches Beispiel dafür ist die Funktion $rx(1 - x/K)$.

Betrachten wir nun ein Fanggebiet mit uneingeschränktem Zugang. Jede Zahl von Fischern mit ihren Booten und Netzen und – in neuerer Zeit – elektronischen Schwarmdetektoren darf die Fische fangen. Sei $E$ der Gesamteinsatz in die Fischerei, also Fangschiffe und Fischgeschirr wie auch Arbeitskraft, die pro Zeiteinheit eingesetzt wird, und sei $\nu$ der Fang in Tonnen, der pro Einsatzeinheit gefangen wird. Dann ist $\nu E x$ der Gesamtfang pro Zeiteinheit, wobei $x$ die Dichte der Fische in Tonnen in einem festen Gebiet ist. Ein Anstieg von $E$ bedeutet, daß der Aufwand im Fischfang vergrößert worden ist. Berücksichtigen wir die Reproduktionsrate der Schwarmfische, dann ist die Änderungsrate von $x$ gegeben durch

$$x' = rx^2 \left(1 - \frac{x}{K}\right) - \nu E x \, , \qquad (4.8)$$

wobei der zweite Term auf der rechten Seite den Verlust aufgrund des Fischfangs bezeichnet. Nebenbei erwähnt erhalten wir aus Gleichung (4.8) die oben betrachtete logistische Gleichung (4.4) erhalten, wenn die Reproduktionsrate linear mit $x$ abnimmt.

Nun führen wir einige drastisch vereinfachte Marktgesetze ein. Angenommen, die Kosten in DM pro Einsatzeinheit sind $c$ und $p$ ist der Preis in DM pro Fangeinheit, den wir im Hafen damit erzielen. Die Kosten beinhalten Arbeitskosten wie auch die Amortisation des Kapitals, während $p$ den Marktwert des Fischs reflektiert. Die Nettoeinnahmen aus dem Fang sind proportional zu $p\nu E x - cE$. Solange diese Größe positiv ist, wächst der Fangaufwand. Das übernehmen wir aus der Idee, daß die Ausbeutung einer natürlichen Ressource so lange ansteigt, bis sie keinen Gewinn mehr abwirft, vorausgesetzt, sie ist frei zugänglich. Im Fall der Fischerei wächst der Fang immer mehr an, bis der Nettoerlös gleich Null ist oder der Vorrat an Fischen erschöpft ist. Ein Fischer, der nicht am Fischzug teilnimmt, verzichtet auf seinen Anteil des Fangs zugunsten seiner Konkurrenten. Ein einziger Besitzer der Fischerei könnte weniger unbarmherzig den Fang betreiben, da ihm ein zu früh nachlassender Fischfang nicht guttut. Für ihn ist es klüger, einen kurzfristigen Gewinn aufgrund aggressiver Fangmethoden gegen das Potential eines langfristigen Segens einer schrittweisen Ausbeutung abzuwägen; aber in einer frei zugänglichen Fischerei überwiegt die kurzfristige, egoistische Sichtweise, solange ein Gewinn möglich ist. Es gibt keinen Grund, einen Verlust einzustecken, dadurch, daß man nicht an dem Kampf um das Verbleibende teilnimmt.

Natürlich ist dies eine grobe Vereinfachung, da keine Fischwirtschaft total unreguliert ist und da die regulierenden Behörden immer mehr eine schützende Haltung einnehmen, wenn die Fischbestände zu sinken beginnen. Darüber hinaus muß der Aufwand bei sinkenden Fischbeständen im Rahmen eines schärfer werdenden Wettbewerbs immer mehr gesteigert werden, was diejenigen Fischer abwandern läßt, die noch eine andere Arbeitsmöglichkeit haben. Dennoch nehmen wir einmal diesen etwas fiktiven Standpunkt ein und schreiben eine Gleichung für die Änderungsrate des Fischereiaufwandes auf:

$$E' = \alpha E(p\nu x - c) \,. \tag{4.9}$$

Sie sagt aus, daß $E$ mit einer Rate wächst oder sinkt, die proportional zum Nettoertrag ist. Ist der Nettogewinn positiv, dann steigt sie, andernfalls wird sie kleiner. Die Proportionalitätskonstante ist immer klein, um die Tatsache auszudrücken, daß die Fischereiindustrie immer nur mit einer gewissen Trägheit auf einen Wechsel sowohl der Marktbedingungen als auch der Verfügbarkeit des Fischs auf dem Ozean reagiert. Es dauert einige Zeit, Arbeitskräfte anzuwerben oder zu entlassen, einen neuen Trawler bauen zu lassen oder zusätzliche Schiffe zur See zu schicken. Diese Wechsel gehen langsamer vonstatten als die Brut der Fische. Deshalb betrachtet man $E$ als *langsam variierende Variable* im Vergleich zu $x$, die als *schnell veränderlich* angesehen wird.

An dieser Stelle müssen wir Gleichung (4.9) modifizieren, indem wir eine kleine Konstante $e$ ergänzen:

$$x' = e + rx^2 \left(1 - \frac{x}{K}\right) - \nu Ex \,. \tag{4.10}$$

Die Interpretation davon ist, daß, auch wenn die beobachtbare Populationsdichte praktisch gleich Null ist, noch einige Fische schlüpfen, weil einige wenige Mitglieder der Spezies einen Zufluchtsort gefunden haben, oder weil zusätzliche Fische mit konstanter Rate in das Fanggebiet einwandern. Wir berücksichtigen hier einen Schwelleneffekt, weil er eine Erholung des Bestandes möglich macht. Er beinhaltet auch die Idee, daß weitere Fanganstrengungen nachlassen, wenn die Fischgründe genügend reduziert sind, entweder weil sie den Aufwand nicht mehr rechtfertigen oder weil die Behörden ein Fangverbot verhängt haben.

Unser Fischereimodell besteht aus den gekoppelten Gleichungen (4.9) und (4.10), die von der Form (4.1) sind, außer daß wir die Variablen mit $x$ und $E$ bezeichnen anstatt mit $x_1$ und $x_2$.

Zuerst halten wir für einige Zeit $E$ auf einem bestimmten Wert fest. Dann hat Gleichung (4.10) entweder einen oder drei Gleichgewichtszustände, je nach dem Wert von $E$. Wir erhalten alle, indem wir $x' = 0$ setzen. Dazu schneiden wir die Kurve $g(x) = e + rx^2(1 - x/K)$ mit der Geraden $h(x) = \nu E x$ in der $x$-$E$-Ebene. Dies ist in den Bildern 4.6 bis 4.10 gezeigt.

Betrachtet man das Vorzeichen von $x'$, dann können wir die Stabilitätseigenschaften der Gleichgewichtszustände wie in Abschnitt 4.2 bestimmen. Ein einziger Gleichgewichtszustand ist immer ein Attraktor, aber wenn man drei von ihnen hat, ist der mittlere immer instabil. Diese Aussagen folgen aus der Tatsache, daß $x$ wächst oder fällt, je nachdem, ob $h(x)$ kleiner oder größer als $g(x)$ ist.

Da $E$ nur langsam mit $x$ variiert ($\alpha$ ist ja eine kleine Konstante), folgt daraus, daß $x$ schnell auf eine Änderung von $E$ reagiert und sich somit immer in der Nähe seines nächstgelegenen Attraktors aufhält. Das bedeutet, daß die Betrachtung der beiden Gleichungen für $x$ und $E$ dadurch vereinfacht werden kann, daß man $E$ als einen sich nur langsam verändernden Parameter auffaßt in einer einzigen Gleichung für $x$.

Betrachten wir nun das folgende Szenario. Anfangs ist der Aufwand der Fischerei gering ($E_a$), und somit gibt es einen einzigen Gleichgewichtszustand bei einem hohen Wert von $x$, in Bild 4.6 mit $x_a$ bezeichnet. Das ist ein Attraktor, wie wir bereits weiter oben festgestellt haben. Damit ist der Fischbestand gleich $x_a$, wenn der Aufwand der Fischerei

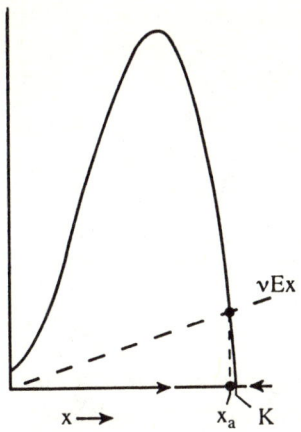

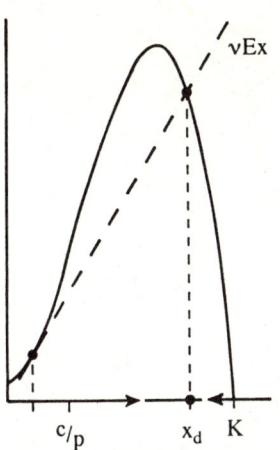

**Bild 4.6** Fischfang auf dem Niveau $E = 0,17$ ergibt einen Attraktor bei einer hohen Population. Dies ist ein asymptotisch stabiler Gleichgewichtszustand von Gleichung (4.8). In diesem und den nachfolgenden vier Bildern hat die Gerade die Steigung $E$, $K = 6$, $e = 0,3$, $r = 1$ und $\nu = 1$.

**Bild 4.7** $E = 1$. Bei diesem Wert treten zwei neue Gleichgewichtswerte auf, da die Gerade zur Tangente an die Kurve wird. Der Wert von $E$ heißt *Bifurkationspunkt*.

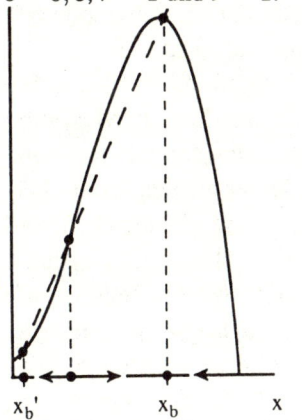

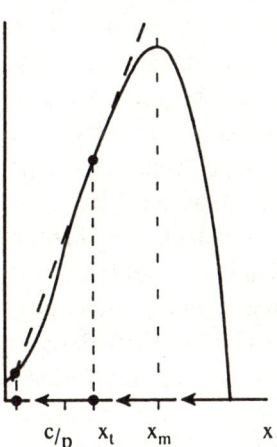

**Bild 4.8** Für $E = 1,3$ gibt es drei Gleichgewichtszustände. Zwei von ihnen sind Attraktoren, der mittlere Punkt ist abstoßend.

**Bild 4.9** Zwei der Gleichgewichtspunkte fallen zusammen, wenn die Gerade wieder zur Tangente an die Kurve wird. Dies geschieht bei $E = 1,6$.

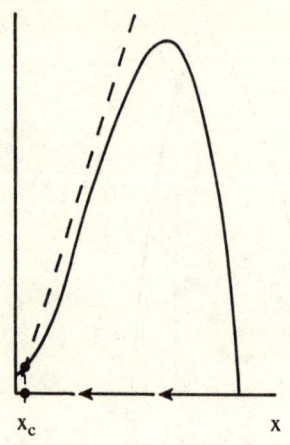

**Bild 4.10**
Für $E = 1,8$ gibt es nur einen einzigen
Attraktor bei sehr kleiner Population.

$x_c$           x

gleich $E_a$ ist. Ein Anstieg von $E$ nach $E_b$ reduziert den Gleichgewichtswert zu $x_b$, aber obwohl $x_b$ jetzt kleiner ist, ist der gesamte Fang $\nu E x$
größer. Wenn $E$ ansteigt, gibt es einen Wert, für den die Gerade Tangente
an die Kurve wird (Bild 4.7). Dies nennt man einen *Bifurkationspunkt*, da
zwei neue Gleichgewichtswerte für alle Werte von $E$ auftreten, die jenseits dieser Tangentensteigung liegen. Wenn $E = E_b$ ist, gibt es also drei
Gleichgewichtszustände, aber der mittlere ist instabil, und da $x$ schnell
auf den nächstgelegenen Attraktor zuläuft, bleibt der Fischbestand noch
bei $x_b$ und läuft nicht auf den anderen Attraktor bei $x_b'$ zu.

Der maximal erreichbare Fang tritt bei einem Aufwand für die Fischerei auf, bei dem der Fischbestand gleich $x_m$ ist, nämlich am Maximum
von $g(x)$. Jenseits dieses Maximums nehmen die Fischbestände ab und
die Preise fangen an zu klettern, da die Fänge kleiner werden. Ironischer-
weise kann dies neue Unternehmen in den Fischfang hineinziehen, und
der Aufwand wird immer größer. Die Gerade $h(x)$ ist bei $x_t$ noch einmal
Tangente an die Kurve $g(x)$, wie wir aus Bild 4.9 ablesen. Nehmen wir
vorläufig an, daß das Verhältnis aus Kosten und Ertrag, $c/p$, kleiner ist
als $x_t$. Wenn $E$ weiter ansteigt, treten wir in die Phase des Überfischens
ein, da junge Fische immer öfter schon vor ihrer ersten Laichzeit gefangen werden. Ist dann der zweite Tangentenpunkt erreicht, dann gibt
es eine erneute Bifurkation, bei der zwei der Gleichgewichtszustände
zusammenfallen und verschwinden. Es bleibt ein einziger Gleichge-

wichtszustand bei weitaus geringerem Fischbestand $x_c$ zurück. Dies ist ein Attraktor, deshalb fällt der Fischbestand plötzlich bis auf diesen neuen Gleichgewichtszustand zurück, was den Kollaps der Fischerei bedeutet (Bild 4.10). Da $x_c$ unterhalb des Quotienten $c/p$ liegt, folgt aus Gleichung (4.9), daß $E'$ jetzt negativ ist und sich damit der Fischereiaufwand umkehrt. Es zahlt sich im Endeffekt nicht mehr aus, aufs Meer hinauszufahren, viele Trawler rosten jetzt in den Häfen vor sich hin.

Ein dramatisches Beispiel für solch einen Zusammenbruch liefert uns die peruanische Sardellenfischerei. In Tabelle 4.1 ist der Aufwand, gemessen als Anzahl der pro Zeiteinheit auslaufenden Schiffe dem Fang (in Millionen Tonnen) gegenübergestellt.

**Tabelle 4.1**

| Jahr | Aufwand | Fang |
|------|---------|-------|
| 1959 | 1,4 | 1,91 |
| 1964 | 5,8 | 8,86 |
| 1968 | 8,9 | 10,26 |
| 1973 | 46,5 | 1,78 |

Zusammen mit $E$ stieg der Fang ab 1963 an, aber 1973 war der Fang bereits unterhalb das Niveau von 1959 gefallen.

Mit der Zeit erholen sich die Fischbestände langsam aufgrund des reduzierten Fangeinsatzes. Mit steigendem $x$ wird die Gerade wieder Tangente an den unteren Höcker der Kurve (vgl. Bild 4.7), der wieder ein Bifurkationspunkt ist, bei dem zwei Gleichgewichtszustände zusammenfallen. Jenseits davon gibt es nur einen Attraktor, und zwar bei einem relativ hohen Wert von $x_d$. Der Fischbestand erholt sich damit plötzlich bis zu einem Niveau, das oberhalb von $c/p$ liegt, wo die Ableitung von $E$ wieder positiv wird. Einige Fischer werden dadurch ermutigt, wieder aufs Meer hinauszufahren und der ganze Prozeß beginnt von vorne. Man erhält damit ein zyklisches Auf und Ab in den Fischbeständen, bei dem aber eine Art Hysterese auftritt, da die Erholung einem anderen Pfad folgt als der Zusammenbruch (Bild 4.11).
Betrachtet man Gleichungen (4.9) und (4.10) zusammen, dann ergibt

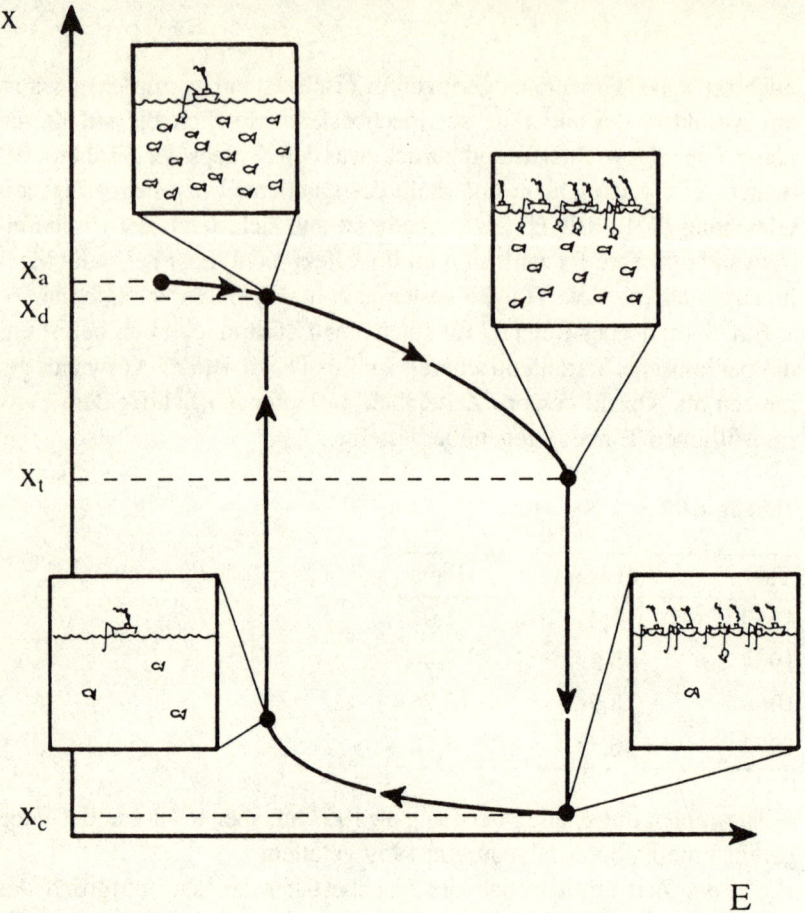

**Bild 4.11** Schematische Kurve, wie sich die Fischbestände mit verschiedenem Fangaufwand verändern. Der Zusammenbruch der Bestände folgt einem anderen Pfad als die Erholung, was man als *Hysterese* bezeichnet.

die Nulllinien-Methode aus den vorangegangenen Abschnitten, daß es tatsächlich einen geschlossenen Zyklus in der $x$-$E$-Ebene gibt (Übung 4.6.5).

Modelle, in denen dramatische Stürze von einem Plateau zu einem anderen stattfinden, wenn ein Parameter einen Bifurkationspunkt überschreitet, bilden einen Teil der *Katastrophentheorie*, was den Titel dieses Abschnitts erklärt. Falls die Konstante $e$ verschwindet, fällt die Größe der Population auf Null zurück und erholt sich nicht mehr. Folgt auf der anderen Seite der Populationszuwachs einer logistischen Kurve, wodurch Gleichung (4.8) durch Gleichung (4.4) ersetzt werden muß, dann beobachten wir eine völlig andere Dynamik, bei der $x$ asymptotisch stabil ist bei $c/p$. Das kann auf völlig analoge Weise gezeigt werden, weshalb wir hier die beinahe identischen Argumente nicht mehr anführen.

Wir haben einen Zusammenbruch der Fischbestände auf die Überfischung zurückgeführt. Es können aber auch ungünstige Klimaveränderungen sein, die die Rate verringern, mit der sich junge Fische aus dem Laich entwickeln. Dies bedeutet eine Abnahme der Konstante $r$. Auf solche Verringerungen der Aufzuchtchancen reagiert eine stark ausgebeutete Fischpopulation oft mit dem Zusammenbruch. Eine beinahe ausgerottete Art kann aber durch kommerziell weniger interessante Arten ersetzt werden, was wiederum die Erholung der ursprünglichen Fischbestände empfindlich stören kann. Was dann passieren kann, sahen wir im vorangegangenen Abschnitt, wo eine von zwei konkurrierenden Arten die andere immer mehr unterdrückte, als wir vom Einzugsgebiet eines Attraktors in das eines anderen wechselten.

Das Modell nimmt an, daß es keine besonderen Brutzeiten gibt und daß die Reproduktionsrate nicht von Alter oder Geschlecht beeinflußt ist. Trotz dieser und ähnlicher Vereinfachungen zeigt es offenbar das grobe Verhalten einiger Fischpopulationen wie Sardinen und Sardellen an, bei denen übermäßige Ausbeutung der Bestände zu einem plötzlichen Zusammenbruch führen kann, dem eine langsame Erholung folgt.

Wenn der Quotient aus Kosten und Preis $x_m$ überschritten hat, muß der Fischer, muß die Fischereiwirtschaft ihren völligen Ruin vermeiden (Übung 4.6.4). Das kann auch durch gesetzliches Einschreiten unterstützt werden, indem eine Steuer $S$ auf die Fangeinheit gelegt wird. Das verringert den Nettopreis für den Fisch auf $p - S$, und falls die Steuer hoch genug ist, überschreitet $c/(p - S)$ tatsächlich auch $x_m$. Es gibt noch andere Regulationsmechanismen, die der Fischerei besonders dann auferlegt werden, wenn die Bestände stark zurückgehen sind, wie Fangquoten oder Lizenzen und Gebühren für jeden neu hinzukommenden Fischer, so wie auch Schutzzonen. Das alles lassen wir hier aber außer acht.

## 4.5 Masern-Epidemien

Unser Ziel soll sein, Epidemien von Kinderkrankheiten wie Masern, Windpocken und Mumps zu modellieren, um die Dynamik des Ausbrechens dieser ansteckenden Krankheiten zu verfolgen.

Wir teilen zuerst die Population eines bestimmten Gebietes in vier Kategorien ein: *ansteckbar* sind diejenigen Individuen, die sich die verbreitungsfähige Krankheit zuziehen können, *exponiert* sind angesteckte Personen, die die Krankheit noch nicht an andere weitergeben können, *infiziert* sind diejenigen, die zur Verbreitung der Krankheit beitragen können, und schließlich gibt es noch *Genesene*. Bei Kinderkrankheiten ist eine genesene Person in den meisten Fällen für die Zukunft immun.

Wir bezeichnen die Anteile der ansteckbaren, ausgesetzten, infizierten und genesenen Personen[2] mit $A$, $E$, $I$, $G$ und nehmen an, daß alle Neugeborenen ansteckbar sind und daß die Bevölkerungszahl einerseits durch Geburt, andererseits durch Tod und Auswanderung konstant bleibt.

Sei $r$ die durchschnittliche Geburtenrate ($1/r$ ist damit die durchschnittliche Lebenserwartung) und $b$ die Kontaktrate, also der durchschnittliche Anteil der Bevölkerung, mit dem ein Infizierter in Kontakt tritt. Die Krankheit werde proportional zur Zahl der Begegnungen zwischen ansteckbaren und infizierten Personen übertragen. Damit beschreibt

$$A' = r - rA - bAI \tag{4.11}$$

die Änderungsrate von $A$. Der zweite Term auf der rechten Seite drückt die Tatsache aus, daß aufgrund der konstanten Bevölkerungszahl ansteckbare Personen mit gleicher Rate durch Tod und Auswanderung aus der Population verschwinden, wie sie durch Geburt neu hinzukommen.

Die Klasse der exponierten Individuen wächst mit der Zeit mit einer Rate, die gleich derjenigen ist, mit der ansteckbare Personen infiziert werden, nämlich $bAI$. Sie verschwinden aus der Population aufgrund von Tod und Auswanderung mit Raten $rE$ und $aE$, wobei $a$ die durchschnittliche Anzahl von exponierten Personen bezeichnet, die

---

[2]Im Englischen und oft auch im Deutschen werden die vier Gruppen mit $S$ (von *suszeptible*), $E$ (von *exposed*), $I$ (von *infective*) und $R$ (von *recovered*) bezeichnet. (A. d. Ü.)

ansteckend werden. Der Kehrwert $1/a$ ist damit die mittlere Latenz-zeit, während der die Krankheit ruht, bevor sie ansteckend wird. Alles zusammen ergibt die Gleichung

$$E' = bAI - rE - aE \ . \tag{4.12}$$

Die Zahl der Infizierten steigt nun mit einer Rate $aE$ und sinkt mit $rI$ (aus denselben Gründen wie vorher) und $cI$, wobei $c$ die durchschnitt-liche Anzahl von Personen bezeichnet, die pro Zeiteinheit genesen; der Kehrwert ist dann die mittlere Krankheitsdauer. Damit gilt

$$I' = aE - rI - cI \ . \tag{4.13}$$

Schließlich wächst die Klasse der wieder Genesenen mit der Rate $cI$ und schrumpft mit $rG$:

$$G' = cI - rG \ . \tag{4.14}$$

Diese vier gekoppelten Gleichungen bilden das epidemische Modell, sind aber zu kompliziert, um mit den uns zur Verfügung stehenden Mitteln gelöst zu werden. Um einen Eindruck von dem Verhalten der Lösungen dieses Systems zu bekommen, vereinfachen wir ein bißchen und ignorieren die Klasse $E$, indem wir annehmen, daß die Latenzzeit verschwindet. Das bedeutet, daß die ansteckbaren Personen sofort infi-ziert werden und die Gleichung (4.13) für $I$ muß ersetzt werden durch

$$I' = bAI - rI - cI \ .$$

Übrig bleiben drei Gleichungen:

$$\begin{aligned}
A' &= r - rA - bAI \\
I' &= bAI - rI - cI \\
G' &= cI - rG \ .
\end{aligned} \tag{4.15}$$

Die ersten beiden Gleichungen hängen nicht von $G$ ab, weshalb wir im folgenden nur sie betrachten. Da $A + I + G = 1$ ist, erhält man den Wert für $G$, wenn man $A$ und $I$ kennt. Damit wird

$$\begin{aligned}
A' &= r(1 - A) - bAI \\
I' &= K(bA - (r + c)) \ .
\end{aligned} \tag{4.16}$$

Verwendet man den heuristischen Nulllinien-Zugang aus Abschnitt 4.2 (mit Feinheiten, die in Übung 4.6.5 ausgearbeitet werden), so schließen wir, daß es oszillierende Lösungen um den Gleichgewichtszustand gibt, der durch

$$A = \frac{r + c}{b} \quad \text{und} \quad I = \frac{r(b - r - c)}{b(r + c)}$$

beschrieben. Die Größe $(r + c)/b$ wird als kleiner Eins angenommen, damit $I$ im Gleichgewicht positiv wird. Dies nennt man den *Schwelleffekt*, da er garantiert, daß die Gesamtpopulation im Gebiet groß genug sein muß, damit eine Krankeit lokal beschränkt bleibt: Die Bevölkerung setzt sich aus den Anteilen $A$, $I$ und $G$ zusammen, die sich zu Eins aufaddieren, was aber größer sein muß als $(r + c)/b$. Wenn die Genesungsrate also klein genug ist, kann sich die Epidemie in der Bevölkerung halten. Das bedeutet, daß die Aktivitäten der Gesundheitsorganisationen eine Auswirkung auf die Schwere oder die Wahrscheinlichkeit eines Auftretens einer Epidemie hat. Schutzimpfungen von Schulkindern verringern beispielsweise die Zahl der ansteckbaren Individuen, während eine schnelle Isolierung von Infizierten die Genesungsrate $c$ erhöht.

Beiläufig bemerken wir noch, daß der Schwellwert $c/b$ eine etwas andere Interpretation finden kann, wenn $r = 0$ ist (also die Gesamtbevölkerung konstant bleibt), vgl. Übung 4.6.9.

Die Trajektorien für einen typischen Fall zeigt Bild 4.12. Wir beobachten, daß die Oszillationen auf einen Punkt-Attraktor zukreisen, wenn die Zahl der Infizierten zu- und abnimmt. Eine numerische Integration des vollen Gleichungssystems (4.11)-(4.14) ergibt ein ähnliches Muster von gedämpften Oszillationen, was zyklische Ausbrüche mit geringer werdender Schwere bezeichnet. Die gemessenen Daten zu Masern zeigen aber ein unterschiedliches Muster, nämlich wiederkehrende, verschieden schwere Epidemien, die zufällig von Jahr zu Jahr auftreten. Zum Beispiel variieren die monatlichen Zahlen zu Masern-Epidemien zwischen 1928 und 1963 (als die systematischen Schutzimpfungen an Schulkindern begannen) scheinbar unvorhersagbar.

Es gibt mehrere mögliche Gründe für die Diskrepanz zwischen dem, was das Modell vorhersagt und dem, was man beobachtet. Der zwingendste Grund ist wohl, daß der Parameter $b$, also die Übertragungsrate

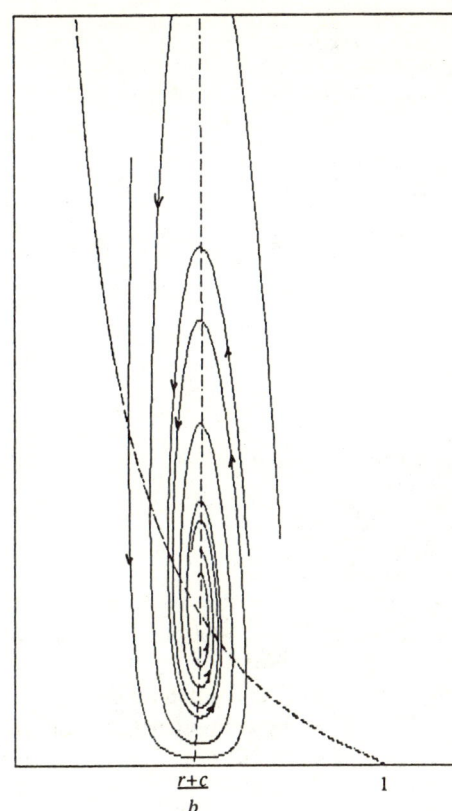

$$\frac{r+c}{b} \qquad\qquad 1$$

**Bild 4.12**
Trajektorien für die
Epidemischen Gleichungen
(4.16)

der Krankheit, nicht konstant sein muß; sie variiert tatsächlich über einen großen Bereich. Die Krankheitserreger scheinen in den Wintermonaten virulenter zu sein, also zu einer Zeit, wenn die Kinder in der Schule zusammengepfercht sind. Der Kontakt findet in den Sommermonaten nicht so oft und intensiv statt. Vor diesem Hintergrund ersetzen wir den Parameter $b$ im Modell durch eine jahresperiodische Funktion, mit einem niedrigen Wert im Juli und einem hohen im Februar:

$$b(t) = b_0(1 + b_1 \cos 2\pi t) \ ,$$

wobei $b_0$ die durchschnittliche Kontaktrate ist und $b_1$ – eine Zahl zwischen Null und Eins – die Stärke der saisonalen Effekte beschreibt. Der

115

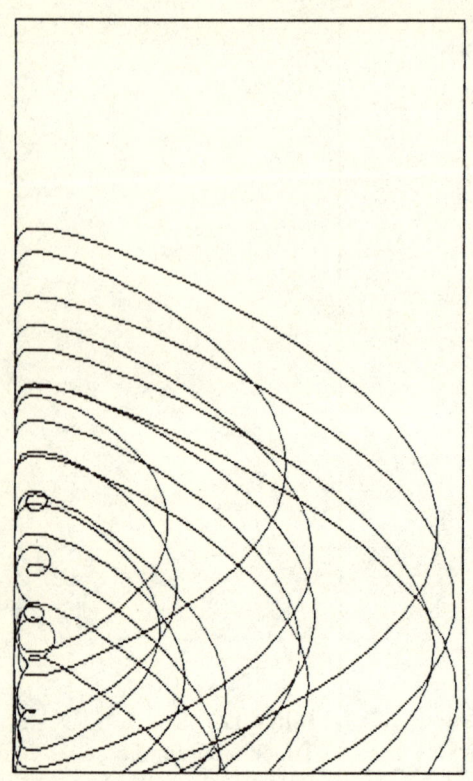

**Bild 4.13**
Trajektorien für die
Epidemischen Gleichungen
(4.16)

Zeitpunkt $t = 0$ bedeutet den Beginn im Februar. Substituiert man $b(t)$ in Gleichung (4.11), dann kann das ursprüngliche Modell numerisch integriert werden und man erhält tatsächlich Lösungen, die die in New York und anderswo beobachteten Daten über Masern-Epidemien nachempfinden. In einigen Parameterbereichen sind die periodisch angeregten Lösungen aber nicht von zufälligen Schwankungen zu unterscheiden, ein Phänomen, das einige Autoren als Ausdruck einer *chaotischen Dynamik* ansehen. Dabei nähern sich, grob gesprochen, die Trajektorien einem komplizierten Attraktor im Zustandsraum, der weder ein Punkt noch ein Zyklus ist. Die Bewegung auf dem Attraktor erscheint zufällig, wie wir in Bild 4.13 sehen, das die Projektion der vierdimensionalen

116

Lösungen aus dem $A$-$E$-$I$-$G$-Raum auf die $I$-$G$-Ebene zeigt. Die Trajektorien kreisen dabei unregelmäßig hin und her, wobei sie bei jeder Runde die vertikale Achse berühren. Obwohl sich die Trajektorien dabei scheinbar verknäulen, ist dies keine Verletzung der Eindeutigkeit, da diese Darstellung ja nur eine zweidimensionale Projektion von Trajektorien in einem höherdimensionalen Raum ist.

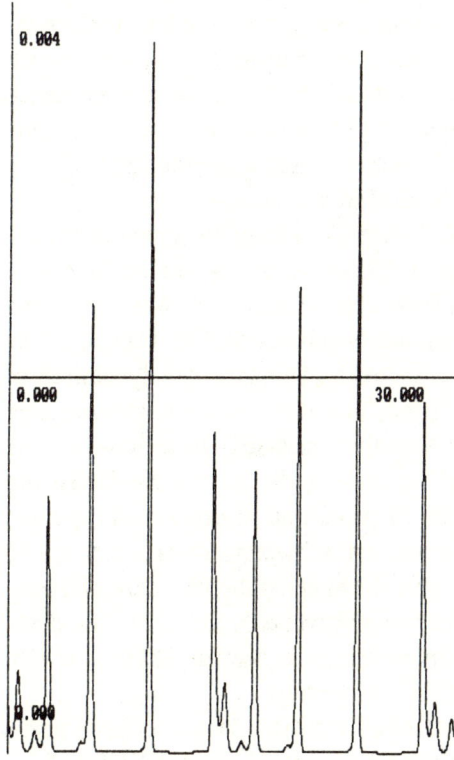

**Bild 4.14**
Infektionen über einen Zeitraum
von 30 Jahren nach den
Modellgleichungen (4.11)-(4.14)
mit geschätzten Parametern nach
Statistiken und Arztberichten.
$r = 0,02$ pro Jahr, $b_0 = 1,800$,
$a = 35,58$, $c = 100$ und
$b_1 = 0,285$.

Bild 4.14 zeigt den Anteil $I$ der Infektionen über einen Zeitraum von 30 Jahren, den man aus der Aufintegration der periodisch angeregten Gleichungen (4.11)-(4.14) erhält. Die Parameter des Modells wurden aus Statistiken und Arztberichten abgeschätzt zu $r = 0,02$ pro Jahr, $b_0 = 1,800$ pro Jahr, $a = 35,58$ pro Jahr, $c = 100$ pro Jahr und $b_1 = 0,285$, nach der Arbeit von Olsen und Schaeffer, die in Abschnitt

117

4.7 angegeben ist. Die Schwere der Ausbrüche variiert zufällig von Jahr zu Jahr und erinnert an die tatsächlich in New York gefundenen Fälle zwischen 1928 und 1963, wobei die Epidemien einen Maxiamalwert von ungefähr 25 000 Fällen pro Jahr besaßen. Bei einer Gesamtbevölkerung von ungefähr 6 Millionen ist das ein Maximum von $I$ bei ungefähr $0,4\%$, wie in Bild 4.14 gezeigt.

Eine andere Manifestation der chaotischen Dynamik ist ihre extreme Empfindlichkeit gegenüber den Anfangsbedingungen. Kleine Änderungen eines jeden Anfangswertes erzeugen Lösungen, die schnell in der Zeit auseinanderlaufen. Um dies vorzuführen, haben wir den Anfangswert von $A$ um nur $0,001$ gegenüber demjenigen Wert verändert, mit dem Bild 4.14 erzeugt wurde. Alle anderen Anfangswerte für $I$, $E$ und $G$ blieben gleich. Das Ergebnis ist in Bild 4.15 gezeigt.

Wir sehen, daß die Lösung für einige Zeit ungefähr gleich bleibt im Vergleich mit derjenigen des letzten Bildes, aber daß sie sich dann dramatisch ändert, so daß sich am Ende der 30 Jahre der Wert $I$ entlang eines völlig anderen Teils des Attraktors entwickelt. Das bedeutet, daß wir niemals hoffen können, die tatsächliche Dynamik des dynamischen Prozesses nachvollziehen zu können, und daß die Lösungen uns nur zeigen können, wie das typische Verhalten aussieht. Diese numerischen Ergebnisse sind dennoch irgendwie unbefriedigend, da die Daten für New York seit 1945 alternierende Maxima und Minima in der gemeldeten Zahl von Masern zeigen, mit einem schweren Ausbruch in einem Jahr, dem nur eine geringe Zahl von Krankheitsfällen im darauffolgenden Jahr nachfolgte. Ändert man beispielsweise $b_1$ auf 0,275 ab, dann ergeben sich im zweijährigen Rhythmus abwechselnde Maxima in der Zahl der Erkrankungen, wie in Bild 4.16 gezeigt.

Dieses Bild stimmt besser mit den beobachteten Daten sei 1945 überein, aber die berichtete Schwere der Epidemien, die in den Bildern 4.14 und 4.15 mit $b = 0,285$ erhalten wurde, wird nicht mehr erreicht.

Obwohl das Modell eine gute Karikatur der Dynamik einer wiederkehrenden Epidemie ist, kann man zumindest darüber streiben, ob eine eine andere Formulierung bessere Übereinstimmung bringen würde. Zum Beispiel könnte man die Parameter zufällig variieren lassen, um die unberechenbare Ortsveränderung der Infizierten in das Gebiet hin-

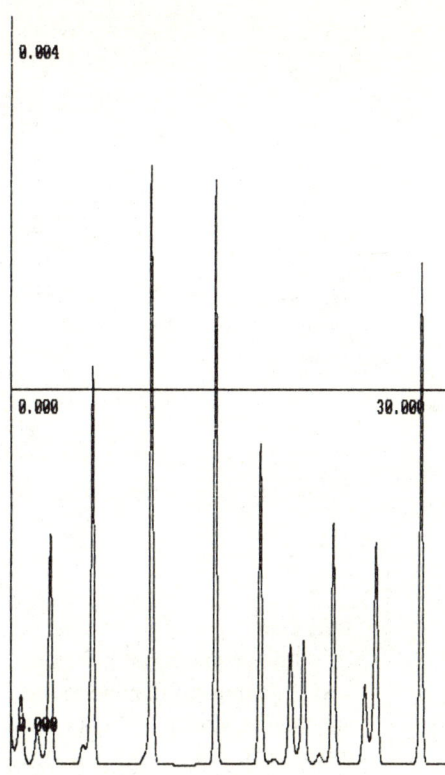

**Bild 4.15**
Infektionen über einen Zeitraum von 30 Jahren nach Gleichungen (4.11)-(4.14), wobei nur für $S$ der Anfangswert um $0,001$ gegenüber dem Wert für Bild 4.14 verändert wurde.

ein und aus ihm heraus zu beschreiben. Man kann auch stochastische Modelle anwenden, bei denen Infektion, Übertragung und Latenzzeit Wahrscheinlichkeitsverteilungen gehorchen. Darauf wurde im Falle der Windpocken in den Übungen 3.6.9 und 3.6.10 hingewiesen.

Dieses und ähnliche Modelle für Epidemien sind von erheblichem Interesse für den Einblick, den sie gewähren, wie eine spezielle Krankheit sich über eine Population verbreiten kann, nicht nur mit der Zeit, wie hier betrachtet, sondern auch im Raum (Übung 5.4.5). Darüber hinaus gehören diese Modelle in eine Klasse von Modellen, bei denen verschiedene Arten miteinander konkurrieren oder die eine die andere dominiert mit einer Rate, die proportional ist zum Produkt der beiden Populationsdichten. Im vorliegenden Fall waren die Arten $A$ und $I$, aber es

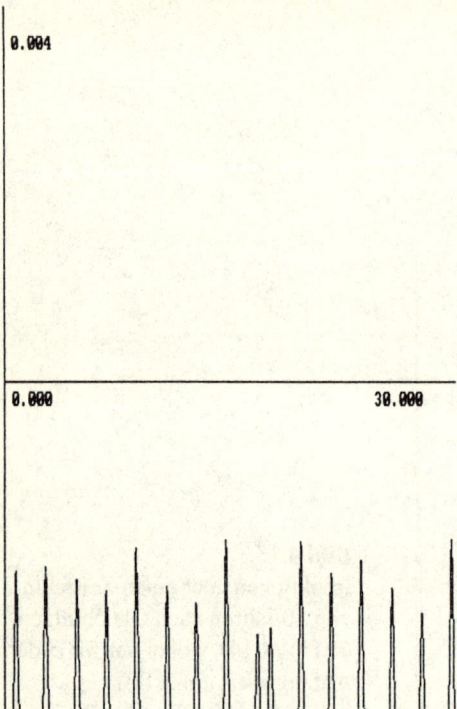

**Bild 4.16**
Infektionen über einen Zeitraum
von 30 Jahren aus dem periodisch
angeregten Modell (4.11)-(4.14),
mit $b_1 = 0,275$.

hätten auch verschiedene Chemikalien sein können, deren Moleküle zusammentreffen, oder Algen und die sie abweidenden Plankton-Tierchen in einer Lebensgemeinschaft im Meer, oder auch feindliche Parteien in einem Krieg (Übungen 4.6.2, 4.6.6 und 4.6.7).

## 4.6 Übungen

**4.6.1** Löse Gleichung (4.4) mittels Separation der Variablen (sie wird in Kapitel 2.3 im Buch von Redheffer beschrieben). Skizziere die Lösungskurven und zeige, daß sie gegen $K(1 - E/r)$ streben.

**4.6.2** Zwei chemische Substanzen $a$ und $b$ reagieren zu einer Verbindung $c$. Die Reaktion zu $c$ geschieht mit einer Reaktionsrate, die proportional zum Produkt der beiden Konzentrationen $a$ und $b$ ist. Außerdem kann $c$ wieder in seine beiden Konstituenten $a$ und $b$ zerfallen mit einer Rate, die proportional zu seiner eigenen Konzentration ist. Anfangs ist $c = 0$, aber $a$ und $b$ haben Konzentrationen $a_0 = b_0$, die nicht verschwinden. Es gibt einen Erhaltungssatz, der besagt, daß die Gesamtmenge an $a$ erhalten bleibt, was bedeutet, daß zu jedem Zeitpunkt der in $c$ gebundene und der freie Anteil zusammen konstant sind. Dasselbe gilt für $b$. Das bedeutet, daß immer, wenn $a$ und $b$ um ein Molekül abnehmen, ein Molekül $c$ gebildet wird.

Stelle eine Differentialgleichung für die Bildung von $c$ auf mit den Methoden aus Abschnitt 4.2 und leite die Eigenschaften der Lösungen her.

**4.6.3** Führe eine Analyse der Nulllinien des Modells (4.5) durch im Fall $r/a > L$, $s/b > K$. Was folgt daraus für den nichttrivialen Gleichgewichtszustand?

**4.6.4** Nimm im Fischereimodell des Abschnitts $c/p > x_m$ an und zeige wie im Text, daß der Gleichgewichtszustand asymptotisch stabil ist aufgrund des Vorzeichens der Ableitung von $x$. Verifziere das Ergebnis mit Lemma 4.1.

**4.6.5** Zeige mit Hilfe des Nulllinien-Zugangs das oszillatorische Verhalten der Lösungen von Gleichung (4.16) um den Gleichgewichtszustand.

**4.6.6** Ein einfaches Modell für eine Lebensgemeinschaft im Meer besteht aus einer mikroskopischen Algenart, die von einer großen pflanzenfressenden Planktonart abgeweidet wird. Sei $x$ die Algendichte, die nach einem logistischen Wachstumsgesetz anwachse. Das Abweiden durch das Plankton verringert das Gesamtwachstum mit unbedeutender Rate, wenn $x$ klein ist, und obwohl der Effekt mit wachsendem $x$ immer bedeutender wird, wird die Abweiderate proportional zu einem Term, der einen endlichen Sättigungswert besitzt. Die Interpretation dafür ist, daß sich die Jäger von anderen marinen Pflanzen ernähren, solange die Algen noch selten sind, daß sie sich immer mehr auf diese Art spezialisieren, aber ihr Appetit irgendwann gestillt ist und die Algen mit konstanter, von $x$ unabhängiger Rate abgeweidet werden. Ein Beispiel für solch einen Term ist $bx^2/(1 + x^2)$. Beide Terme zusammen ergeben die Modellgleichung

$$x' = rx \left( 1 - \frac{x}{K} \right) - \frac{bx^2}{(1 + x^2)} \; .$$

Der Parameter $r$ darf dabei schwach variieren; dies beschreibt die langsamen Veränderungen der Umweltfaktoren, die die Wachstumsrate der Algen beeinflussen, wie unterschiedliche Wassertemperaturen im Sommer und Winter. Zeige, daß in Abhängigkeit von $r$ ein oder drei Gleichgewichtszustände existieren, und setze voraus, daß das Wachstum von $x$ schnell ist im Vergleich zur Umwelt. Das bedeutet, daß sich die Algen schnell an kleine Klimaänderungen anpassen. Diskutiere nun mit einem ähnlichen Argument wie in Abschnitt 4.4 die Möglichkeiten einer drastischen Änderung der Algendichte $x$, wenn verschiedene Schwellwerte erreicht werden. Eine plötzliche Spitze in der Population ist als *Algenblüte* bekannt. Das Modell zeigt, daß ein schneller Sprung in Richtung auf eine Blüte hin von einem plötzlichen Zusammenbruch der Population abgelöst werden kann, wenn die Umweltbedingungen ungünstig werden, aber der Zusammenbruch folgt einem anderen Pfad als die Blüte. Dies ist wie oben ein Hysterese-Effekt.

**4.6.7** Zwei feindliche Streitmächte lassen sich auf einen Krieg ein, bei dem sie sich gegenseitig proportional zur Größe der Truppen auf der Gegenseite umbringen. Dies ist ein vernünftige Annahme in herkömmlich geführten Gefechten, bei denen die Feuerkraft mit der Truppenstärke wächst. Die zugehörigen Raten müssen nicht gleich sein, da eine Streitmacht effektiver sein kann als die andere. Stelle dies in einem Modell aus zwei Gleichungen dar und zeige, daß je nach anfänglicher Truppenstärke die eine oder andere Seite innerhalb endlicher Zeit vollkommen ausgelöscht sein wird. Das ist die einfachste Form eines *Kampfmodells*. Wie muß man die Gleichungen abändern für den Fall, daß auf einer der beiden Seiten Soldaten verwundet werden aufgrund von Verletzungen aus den eigenen Reihen mit einer Rate, die propotional zur verbleibenden Streitkraft ist?

**4.6.8** Zeige, daß die Gleichung $r' = a \cdot g(r)/(1 + r^2)^{3/2}$ für $r > 0$ mindestens eine Nullstelle besitzt. Zeige, daß eine einzelne Nullstelle immer ein Attraktor ist. Gibt es mehrere Nullstellen, dann streben alle Lösungen entweder zur einen oder zur anderen. Interpretiere dies im Rahmen des Marktes mit zwei Gütern aus Abschnitt 4.3. Alle Preise streben auf einen Attraktor hin und damit ist der Markt stabil. *Hinweis:* Ist $g(r) = 0$ für ein gewisses $r$ und sind $p_2$ und $p_1$ zwei Preise, deren Quotient gerade $r$ ergibt, dann bilden sie einen Vektor $q$, für den gilt:

$$f(q) = \begin{pmatrix} -rg(r) \\ g(r) \end{pmatrix} = 0 \, .$$

**4.6.9** Gleichung (4.16) kann noch weiter vereinfacht werden, wenn man die Geburtenrate vernachlässigt. Dies setzt voraus, daß die Bevölkerungszahl konstant ist und es während der Zeit der Epidemie keine Zu- oder Abgänge gibt. Diese Annahme ist gut im Fall von Krankheiten von kurzer Dauer. Die Gleichungen lauten nun

$$\begin{aligned} A' &= -bAI \\ I' &= bAI - cI \, . \end{aligned} \qquad (4.17)$$

Der Anteil $G$ von genesenen Personen ist anfangs gleich Null und wegen $A + I + G = 1$ bedeutet dies $A + I = 1$ für $t = 0$. Aus der Kettenregel für die Differentiation erhält man für alle $A, I$ im positiven Quadranten

$$\frac{\mathrm{d}I}{\mathrm{d}s} = \frac{I'}{A'} = -1 + \frac{c}{bA} \, .$$

Integriert man beide Seiten bezüglich $A$, so erhält man

$$I(t) = -A(t) + \frac{c}{b} \ln S(t) + const. \qquad (4.18)$$

Zeichne die Lösungskurven in der $A$-$I$-Ebene unter der Voraussetzung $c/b < 1$. Interpretiere die Ergebnisse im Lichte von Abschnitt 4.5. Zeige insbesondere, daß, wenn $A$ am Anfang größer ist als $c/b$, die Infektion nicht Fuß fassen kann und die Infizierten mit der Zeit verschwinden. Dies ist die Schwellbedingung. Zeige, daß in jedem Fall die Krankheit ausstirbt, aber nicht, weil es keine ansteckbaren Personen mehr gibt, sondern weil es keine Infizierten mehr gibt.

## 4.7 Weiterführende Literatur

Die Modelle, die in diesem Kapitel diskutiert wurden, haben ihren Ursprung in Veröffentlichungen, die viele Jahre zurückreichen und die heute schon klassisch sind. Die Ausbeutung erneuerbarer Ressourcen und speziell Modelle des Fischfangs sind der Gegenstand des Buches von Clark [19], während epidemische Modelle der Gegenstand eines anderen sind [20]. Eine vorzügliche Einführung in die Modelle aufeinander angewiesener Populationen einschließlich der gegeneinander kämpfenden Armeen findet man in dem Sammelband von Braun *et al.* [22]. Die Beschreibung des Wettstreits in einer Marktwirtschaft, die wir in Abschnitt 4.3 anschnitten, beruht auf Beiträgen in [23]. Die Annahme des Marktgleichgewichts ist natürlich anfechtbar, da ein realer Markt nie abgeschlossen ist und die beteiligten Personen nicht immer rationell handeln, wie hier angenommen. Trotzdem bildet das Modell eine gute Beschreibung einer idealen Marktwirtschaft.

Eine empfehlenswerte Diskussion der Aufstellung von Differentialgleichungen für Modelle findet man in dem kleinen Buch von Tuchinsky [24], wo die Wechselwirkung eines kleinen gefräßigen Insekts und dem Wald, den es entlaubt, auf höchst lehrreiche Weise vorgeführt wird. Gleichzeitig bietet es eine Einführung in Modelle der Katastrophentheorie, was wir in Abschnitt 4.4 angedeutet haben.

Den notwendigen Hintergrund zu Differentialgleichungen erhält man aus dem klar geschriebenen Buch von Redheffer [25], aber da wir auch auf numerische Lösungen zurückgreifen, ist es hilfreich, ein Software-Paket für den PC zu benutzen, das die Lösungen graphisch darstellt, wie es im Text geschah. Zwei dazu geeignete Pakete für DOS sind in [30] und [31] aufgeführt.

Nachdem die Schutzimpfung von Schulkindern in vielen Kommunen etwa 1963 ernsthaft begonnen wurde, ging die Ansteckung mit Masern signifikant zurück und tauchte erst wieder in den späten 80er Jahren unter Vorschulkindern auf (siehe z. B. *New York Times*, Jan. 11, 1990). Die Idee, daß wiederkehrende Epidemien Ausdruck einer chaotischen Dynamik sein können, beruht auf dem Artikel von Olsen und Schaeffer [26] und ist in einem kurzen Artikel von Pool [27] zusammengefaßt. Eine elementare Einführung in chaotische Attraktoren findet man in [28].

Die Beobachtung, daß eine erneuerbare Ressource wie Fischbestände, Wald oder Weideland, die allen ohne Einschränkung zur Ausbeutung offensteht, schließlich verwüstet wird im Wahn, alles ohne Blick auf die Gemeinschaft in seinem eigenen Interesse auszubeuten, wurde von Garrett Hardin in einem eleganten Artikel [29] „die Tragödie der Gemeinen" genannt.

Das Problem der Fischerei kommt immer wieder an die Oberfläche (siehe z. B. *New York Times*, Nov. 13, 1988), weshalb Modelle wie das aus Abschnitt 4.3 attraktiv bleiben, auch wenn sie zugegebenermaßen zu einfach sind.

# Kapitel 5
# Algenblüte, Umweltverschmutzung und Eichhörnchen

## 5.1 Hintergrund

An einem Tag im Spätfrühling entdeckt man einige Flecken von komisch gefärbtem Wasser in der Bucht, tief dunkelbraun wie Schlamm. Einige Tage später haben sich die Flecken verteilt und wiederum einige Wochen später bedecken Knäuel von Seetang die Strände. Die Fischer in der Bucht beklagen sich über den mageren Fang an Schellfisch. Woanders tauchen große rote Flecken mitten auf dem Meer auf und Tausende von toten Fischen werden an den Strand gespült.

Dies könnte einem als die Eingangsszene in einem Science-Fiction-Film erscheinen, aber in Wirklichkeit geschieht es immer wieder über die ganze Welt verteilt, Jahr für Jahr. Die rote, braune oder grüne Masse ist eine Zusammenballung von mikroskopischen Algen, die auf die eine oder andere Art für die sie umgebenden Meereslebewesen toxisch sind. Diese *Algenblüten* finden in den Seen, Meeresbuchten und auf hoher See günstige Bedingungen für ein unkontrolliertes Wachstum vor, bis ihre riesige Zahl als Bremse wirkt und Millionen von ihnen absterben. Wenn die Zellen abgebaut werden, bleibt sauerstoffarmes Wasser übrig.

Obwohl man schon Einiges über den Ablauf der Dynamik dieser Algenblüten versteht, wollen wir uns nur mit der räumlichen Verteilung dieser Zellmassen beschäftigen. Das Wechselspiel zwischen der Vermehrung der Algen durch Zellteilung und ihre Verteilung im turbulenten Wasser setzt der Größe dieser Algenteppiche eine untere Grenze, die wir in Abschnitt 5.3 berechnen wollen.

Ein Grund für das anomale Algenwachstum ist die Anhäufung von Nährstoffen in küstennahen Gewässern aufgrund von Abwässern, die mit Fäkalien, Tensiden und Düngemitteln verunreinigt sind. Es gelangt über Abwasserleitungen oder direkt von den gepflasterten Flächen und dem Agrarland entlang der Küste ins Meer. Die organischen Verunreinigungen werden mit Hilfe von Bakterien im Wasser abgebaut. Dieser Abbauprozeß führt zur *Eutrophierung* (Überangebot von Nährstoffen) und verringert in für Fisch und Mensch gefährlicher Weise den Sauerstoffgehalt des Wassers.

Das amerikanische Wasserschutz-Gesetz (*Federal Water Pollution Control Act*) von 1972 war dazu gedacht, den Einfluß der Küstenregionen auf die Wasserverschmutzung der küstennahen Gewässer zu verringern, indem diese Regionen dazu gezwungen wurden, Pläne für den Schutz dieser natürlichen Ressourcen zu erstellen. Dazu muß man aber abschätzen können, wie Abwasser-Einleitungen die Wasserqualität beeinflussen. Das wird in einem einfachen Fall in Abschnitt 5.5 beschrieben.

Einige wenige *Killerbienen*, eine Art, die ursprünglich aus Afrika importiert worden war, wurden in jüngster Vergangenheit zufällig in Brasilien freigesetzt. Sie begannen in ganz Süd- und Zentralamerika auszuschwärmen und haben jetzt Nordamerika erreicht. Im letzten Jahrhundert kamen einige Schwammspinner-Larven in Massachusetts frei und verteilten sich über die ganzen Nordweststaaten der USA. Die Verbreitung dieser beiden Insekten über große Gebiete hat schon viele Menschen in Not gebracht.

Etwas ähnliches ereignete sich um die Jahrhundertwende, als das amerikanische graue Eichhörnchen *Sciurus carolinensis* in England freigesetzt wurde, wo es sich schnell verbreitete und die Habitate des angestammten roten Eichhörnchens *Sciurus vulgaris* besiedelte. Das Auftreten des grauen Eichhörnchens fiel zusammen mit dem Verschwinden des roten Eichhörnchens, und obwohl es verschiedene Gründe für diesen Rückgang geben mag (wie Krankheiten oder Veränderungen der Umwelt), ist die plausibelste Hypothese die, daß es von dem größeren grauen Eichhörnchen verdrängt worden ist, von dem man auch weiß, daß es mehr Junge zur Welt bringt. Wahrscheinlich hat das starke Überlappen der ökologischen Nischen die grauen gegenüber den roten Eichhörnchen bevorzugt. Das Wechselspiel zwischen Konkurrenz und Verbreitung bewirkt interessante wellenartige Muster der Eichhörnchendichte im Raum, die ungefähr mit der in England und Wales beobachteten übereinstimmt. Diese Idee ist in Abschnitt 5.6 ausgeführt.

Ein anderes Beispiel für eine wellenartige räumliche Verbreitung ergibt sich in der Verbreitung von manchen Krankheiten. Das epidemische Modell des letzten Kapitels kann zur Beschreibung der Verbreitung eines Krankheitserregers in einer Bevölkerungsgruppe erweitert werden. Dies wird in Übung 5.7.5 gemacht.

Der für das Studium der Diffusion benötigte mathematische Apparat wird im nächsten Abschnitt bereitgestellt, wo eine bestimmte partielle Differentialgleichung hergeleitet wird, die die räumliche Verbreitung mit zeitlichen Änderungen in Verbindung setzt.

## 5.2  Diffusion

Wenn ein Schwarm von Partikeln zusammenstößt, dann wird jedes zufällig gestreut, zuerst in eine Richtung, dann in die andere, in kurzen zickzackförmigen Bewegungen, die als *molekulare Diffusion* bekannt sind. Zu diesen Streuungen kommt das Auseinanderlaufen hinzu, das auf größeren Längenskalen abläuft, weil sich die Teilchen in einem Medium befinden können, das sich selbst in zufälliger Bewegung befindet. Zum Beispiel sind Algenzellen im Ozean Wind- und Gezeitenbewegungen ausgesetzt. Die Zellen werden durch die aufgewühlte See hin- und hergeworfen. Obwohl es einen großen Sprung für die Vorstellungskraft bedeutet, von mikroskopischen Zellen zu Tieren überzugehen, ist es manchmal ebenfalls angemessen, die Verbreitung kleiner Säugetiere wie das Eichhörnchen als eine Art von Diffusion anzusehen, die sich über Ebenen und bewaldete Schluchten verbreiten, besonders wenn die Bewegung offenkundig zufällig und unvorhersagbar ist.

Ein einfaches Modell der Diffusion auf der eindimensionalen $x$-Achse ist eine Zufallsbewegung. Ein Teilchen mache vom Ursprung aus eine Serie von kleinen Bewegungen der Länge $\Delta x$, jede während der Zeit $\Delta t$. Ein Schritt nach rechts findet mit der Wahrscheinlichkeit $p$ statt, nach links mit $q$, wobei $p + q = 1$. Von jedem Schritt wird angenommen, daß er unabhängig von den anderen ist, somit haben wir eine Markoffkette, wie wir sie im ersten Kapitel betrachtet haben, bei der die Übergangswahrscheinlichkeiten in einem Schritt $p_{i,i+1} = p$ bzw. $p_{i,i-1} = q$ sind und $p_{i,j} = 0$ sonst. Der einzige Unterschied ist jetzt, daß es unendlich viele Zustände gibt.

Nach $n$ Schritten befindet sich das Teilchen an der Position $x = r\Delta x$, wobei $r$ eine (positive oder negative) ganze Zahl ist. Sei $u_{r,n}$ die Wahrscheinlichkeit dafür, daß es sich zur Zeit $t = n\Delta t$ im Punkt $x$ befindet. Das Teilchen kann $x$ in einem Schritt entweder von links oder rechts erreichen, und die bedingte Wahrscheinlichkeit bezüglich dieser beiden disjunkten Ausgänge (vgl. Anhang A) ist

$$u_{r,n+1} = pu_{r-1,n} + qu_{r+1,n} \ , \qquad (5.1)$$

mit $u_{0,0} = 1$ und $u_{r,0} = 0$ für $r \neq 0$.

Wir nehmen jetzt an, daß es eine stetige Verteilung der Teilchen (Zellen oder Tiere in unserem Fall) gibt, deren Konzentration am Ort $x$ zur Zeit $t$ durch eine Funktion $u(x,t)$ beschrieben wird. Natürlich kann ein Schwarm von Teilchen niemals stetig über die Achse verteilt sein, aber für eine große Teilchenzahl ist dies eine akzeptable Vorstellung. Wenn das Integral über die Dichtefunktion $u$ über die ganze Achse auf Eins normiert ist, dann ist die Wahrscheinlichkeit, ein Teilchen zur Zeit $t$ zwischen $x$ und $x + \Delta x$ zu finden, gleich

$$\int_{x}^{x+\Delta x} u(s,t)\ \mathrm{d}s \ . \qquad (5.2)$$

Wir nehmen von $u$ an, daß es glatt ist in dem Sinne, daß es stetige partielle Ableitungen zweiter Ordnung in $x$ und von erster Ordnung in $t$ besitzt. Dann erhalten wir aus dem Taylorschen Satz für zwei Variablen

$$u(x, t + \Delta t) = u(x,t) + u_t(x,t)\Delta t + o(\Delta t) \ ,$$

wobei $o(\Delta t)$ Terme der Ordnung $(\Delta t)^2$ und höher bezeichnet; $u_t$ ist die partielle Ableitung von $u$ bezüglich $t$. Analog erhalten wir

$$u(x + \Delta x, t) = u(x,t) + u_x(x,t)\Delta x + \tfrac{1}{2}u_{xx}(x,t)(\Delta x)^2 + o(\Delta x^2) \ .$$

Die Indices bezeichnen die erste und zweite partielle Ableitung bezüglich $x$, der $o$-Term besteht aus Größen in $(\Delta x)^3$ und höher.

Um Gleichung (5.1) für uns nutzbar zu machen, wenden wir ein heuristisches Argument an, das eigentlich nur im Grenzfall verschwindender Schrittlänge gültig ist. Angenommen, $\Delta x$ sei sehr klein. Dann ist es unwahrscheinlich, daß ein Teilchen rechts oder links von $x$ im Abstand $\Delta x$ während dieser kurzen Zeit seine Richtung ändert, und Gleichung (5.1) kann näherungsweise umgeschrieben werden zu

$$u(x, t + \Delta t) = pu(x - \Delta x, t) + qu(x + \Delta x, t) . \qquad (5.3)$$

Ist $p > q$, dann findet mit der zufälligen Bewegung eine Nettodrift nach rechts statt. Deshalb setzen wir $p$ und $q$ beide gleich $\frac{1}{2}$, um eine Bewegung ohne Drift darzustellen.

Setzt man die Terme der Taylorentwicklung in Gleichung (5.3) ein und teilt durch $\Delta t$, dann sieht man sofort, daß sich einige Terme wegheben; übrig bleibt

$$u_t = \frac{\Delta x^2}{2\Delta t} u_{xx} + \frac{o(\Delta t)}{\Delta t} + \frac{o(\Delta x^2)}{\Delta t} .$$

Nun bilden wir den Grenzwert $\Delta t$ und $\Delta x$ gegen Null, und zwar so, daß $\Delta x^2/(2\Delta t)$ eine Konstante bleibt, die wir die *Diffusionskonstante* $D$ nennen. Sie mißt die Rate, mit der die Teilchen pro Längen- und Zeiteinheit auseinanderlaufen. Ein großer Wert von $D$ zeigt ein stärkeres Auseinanderlaufen als ein kleiner Wert an.

Beachtet man noch, daß $o(\Delta t)/\Delta t$ für $\Delta t \to 0$ gegen Null strebt, dann erhält man die *Diffusionsgleichung*

$$u_t = Du_{xx} . \qquad (5.4)$$

Beim Studium des Wärmetransports, bei dem die Teilchen durch Kollisionen auseinanderlaufen, heißt diese Gleichung die *Wärmeleitungsgleichung*.

Wir geben nun eine zweite Herleitung der Gleichung (5.4) an, die eine andere Vorstellung über den Mechanismus der Dispersion verwendet. Wie vorher ist $u(x, t)$ die Konzentration der Teilchen in $x$ zur Zeit $t$. Bezeichnet man mit $q(x, t)$ den Netto-Teilchenfluß in der Einheit Masse pro Zeiteinheit, dann vermuten wir, daß der Fluß proportional ist zur

Rate, mit der die Teilchenkonzentration im Raum variiert, und daß er in Richtung abnehmender Konzentration geht. Das bedeutet, daß die Diffusion dort am stärksten ist, wo die Konzentration sich am schnellsten ändert, und die sich daraus ergebende Bewegung versucht, die Dichteunterschiede auszugleichen, dadurch, daß eine Strömung von hoher zu niedriger Konzentration erzeugt wird. Mathematisch wird dies ausgedrückt durch

$$q = -cu_x \qquad (5.5)$$

mit einer Proportionalitätskonstante $c$. Diese Gleichung heißt manchmal auch Ficksches Gesetz der Diffusion oder im Kontext der Wärmeleitung Newtonsches Abkühlungsgesetz. Sie ist ein empirisches Gesetz, das aus experimentellen Beobachtungen gewonnen wurde.

Die Wahrscheinlichkeitsdichte $u(x, t)$ wird gemessen als Masse pro Längeneinheit. Die Gesamtmasse innerhalb eines Intervalls der Länge $\Delta x$ ist gegeben durch Gleichung (5.2), weshalb die Rate der Massenänderung innerhalb $\Delta x$ zur Zeit $t$ gleich der Ableitung von Gleichung (5.2) ist. Diese können wir unter das Integral ziehen und erhalten

$$\int_x^{x+\Delta x} u_t(s, t)\, \mathrm{d}s \;.$$

Sei nun $w(x, t)$ die Nettorate, mit der die Teilchen aus äußeren Quellen in das Intervall pro Zeiteinheit hereinkommen. Die Funktion $w$ mißt die Nettodifferenz zwischen Quellen und Senken und wird als bekannt vorausgesetzt. Ist $w$ positiv, dann zeigt der Nettofluß in das Intervall hinein, sonst aus ihm heraus. Algen vermehren sich beispielsweise durch Zellteilung und sterben dann, somit ist $w(x, t)$ ein einfacher Ausdruck, nämlich $ru(x, t)$, wobei die Konstante $r$ den Unterschied zwischen Teilungs- und Absterberate bezeichnet und $u$ die Konzentration der Zellen. Dies setzt voraus, daß die Populationsdichte nicht zu groß ist (vergleiche dazu die Diskussion in Abschnitt 4.2).

An diesem Punkt erinnert man sich an die Erhaltung der Masse, die fordert, daß die Gesamtmasse konstant bleibt, wenn man alle Zuwächse und Verluste berücksichtigt. Aus dieser Überlegung heraus fordert man, daß die Änderung der Masse innerhalb $\Delta x$ gleich sein soll dem Fluß in das Intervall hinein und aus ihm hinaus. Der Netto-Fluß in das Intervall bei $x$ ist $q(x,t)$ am einen und $q(x + \Delta x, t)$ am anderen Ende. Führt man alles zusammen, so findet man die Gleichung

$$\int\limits_{x}^{x+\Delta x} u_t(s,t)\,\mathrm{d}s = q(x,t) - q(x + \Delta x, t) + \int\limits_{x}^{x+\Delta x} w(s,t)\,\mathrm{d}s \;.$$

Mit dem Taylorschen Satz – diesmal für Funktionen einer Variablen – können die Terme in $q$ umgeschrieben werden zu $-q_x(x,t)\Delta x + o(\Delta x)$, wobei $o(\Delta x)$ wiederum Größen sind, die schneller als $\Delta x$ wachsen. Derselbe Taylorsche Satz erlaubt uns auch, die Integrale aus dem vorigen Ausdruck umzuschreiben als $u_t(x,t)\Delta x + o(\Delta x)$ bzw. $w(x,t)\Delta x + o(\Delta x)$. Nach Division durch $\Delta x$ erhält man

$$u_t = -qx + w + \frac{o(\Delta x)}{\Delta x} \;,$$

und mit $\Delta x \to 0$ wird daraus

$$u_t = -q_x + w \;. \tag{5.6}$$

Beachtet man noch, daß $q$ über Gleichung (5.5) mit $u$ zusammenhängt, dann erhalten wir schließlich die partielle Differentialgleichung

$$u_t = cu_{xx} + w \;. \tag{5.7}$$

Wenn es keine externen Quellen oder Senken gibt, reduziert sich diese Gleichung auf (5.4), vorausgesetzt, man setzt die Konstante $c$ mit der Diffusionskonstanten $D$ gleich. Damit stimmt die Herleitung der Gleichung mit dem Argument der Massenerhaltung mit derjenigen aus der Zufallsbewegung überein.

Eine andere Form der Dispersion tritt auf, wenn eine Substanz mit der Konzentration $u$ gezwungen wird, sich längs der $x$-Achse zu verteilen, weil sie in ein Medium eingebettet ist, das sich selbst mit einer Geschwindigkeit $v$ bewegt. Dieser gerichteter Fluß, den man *Konvektion* nennt, ist das Gegenteil der Zufallsbewegung. Ein Beispiel dafür wäre ein Tropfen roter Farbe, der in einen Fluß fällt, der sich selbst in eine bestimmte Richtung bewegt. Die Windungen des Flusses auf seinen

Weg zum Meer sind eine Kurve, deren Länge auf der skalaren $x$-Achse gemessen wird. Wie wir später sehen werden, ist der Farbstoff ein Metapher für eine Verschmutzung, die mit dem Küstengewässer vermischt wird, welches sich mit Ebbe und Flut einmal seewärts, dann wieder landwärts bewegt.

Im Falle der Konvektion kann man den Fluß $q$ ausdrücken als $q = vu$ mit der Einheit Entfernung pro Zeiteinheit, multipliziert mit der Masse pro Abstandseinheit, also Masse pro Zeiteinheit, wobei die Geschwindigkeit $v$ selbst wiederum eine Funktion von $x$ und $t$ ist. Setzt man diesen Ausdruck in die Gleichung der Massenerhaltung (5.6) ein, so erhält man

$$u_t = -(vu)_x + w \,, \tag{5.8}$$

was als *Konvektionsgleichung* bekannt ist.

Für späteren Gebrauch merken wir uns noch folgendes Detail: findet die Bewegung in einem dreidimensionalen Medium statt, in dem sich aber $u$ nur in $x$-Richtung ändert, dann kann $u$ auch angesehen werden als Masse pro Volumeneinheit, indem man es einfach durch die (als konstant angenommene) Querschnittsfläche des Mediums teilt. Gleichung (5.8) bleibt dieselbe, aber $v$ muß jetzt als Volumen pro Zeiteinheit und $w$ als Volumendichte pro Zeiteinheit angesehen werden.

## 5.3 Die rote Tide

Verschiedene Algenarten bilden rote Teppiche im Meer, wenn ihre Konzentration steigt. Das Auftreten dieser *roten Tide* ist in vielen Teilen der Welt beobachtet worden, von den Küstengewässern Japans über den Golf von Mexiko bis in die Adria, und es ist allgemein anerkannt, daß diese Wasserkörper besonders geeignet für das Wachstum der kleinen Plankton-Organismen sind. Einflüsse, die zu diesem Wachstum beitragen, sind eine Anreicherung von Nährstoffen, ein günstiger Temperaturbereich und der Salzgehalt. Sie veranlassen diese Organismen zur Vermehrung. Diese Veränderungen ergeben sich aus einer Vielzahl von Gründen, wie z. B. Stürme, die die Zusammensetzung des Wasserkörpers verändern, oder ein Aufsteigen von Nährstoffen aus tieferen

Meeresschichten. Die Gezeiten und Windkräfte reißen schließlich die Algenteppiche auseinander, aber währenddessen vermehren sich die Algen rasant. Außerhalb dieser Teppiche sind die Bedingungen nicht so günstig für das Wachstum, und ein Organismus, der durch Wind und Wellen über die Grenzen des Teppichs hinausgedrückt wird, kann als verloren gelten. Es gibt also ein Wechselspiel zwischen dem zusammenballenden Vorgang der Zellteilung und dem dispergierenden Prozeß der Diffusion, der die Zellen in Bereiche führt, die für die Reproduktion physiologisch ungeeignet sind. Da das Wachstum innerhalb des Teppichs stattfindet, ist es proportional zur bedeckten Meeresoberfläche, während die Verluste am Rand auftreten und damit proportional zum Umfang sind. Damit wird die Diffusion am Rand immer wichtiger, je größer der Teppich wird, und schließlich ist eine Grenze erreicht, bei der die Reproduktion die Verluste nicht mehr kompensieren kann. Damit muß es also eine maximale Größe geben, wenn es eine Algenblüte geben soll, und das werden wir jetzt zeigen.

Die Algenzellen-Produktion ist für uns ein Quellterm, der stetig die Population vermehrt; wir drücken sie in der einfachsten Form aus durch $ru(x, y, t)$, wobei $r$ die Netto-Zuwachsrate und $u$ die Konzentration der Algen an der Stelle $(x, y)$ auf der Meeresoberfläche zur Zeit $t$ ist. Damit ist $ru$ die Zuwachsrate der Dichte. Ein genaueres Wachstumsmodell wäre logistisch, bei dem der hemmende Effekt der Übervölkerung mit berücksichtigt wird, aber da es ständig Verluste aufgrund der Diffusion gibt, wird die Population wohl nie ein Niveau erreichen, bei dem es sich selbst beschränkt. In diesem Zusammenhang empfehlen wir, noch einmal die Diskussion in Abschnitt 4.2 zu betrachten.

Als geeignete Modellgleichung dient uns die Diffusionsgleichung (5.7) mit einem Quellterm $w = ru$. Im nächsten Abschnitt werden wir unsere Diskussion auf zwei räumliche Dimensionen ausdehnen, um der ebenen Bewegung des Teppichs auf der Meeresoberfläche Rechnung zu tragen, aber die dort erhaltenen Ergebnisse unterscheiden sich nicht signifikant von jenen aus dem einfacheren eindimensionalen Modell. Unsere Gleichung ist damit

$$u_t = Du_{xx} + ru \, . \tag{5.9}$$

Wir wollen Gleichung (5.9) nicht explizit lösen. Unser Ziel ist vielmehr, eine Verbindung zwischen den Parametern $r$ und $D$ und der Teppichgröße zu finden. Dazu wandeln wir die partielle Differentialgleichung erst einmal in zwei gewöhnlichen Differentialgleichungen um, indem wir annehmen, daß die Lösungen von der Form $u(x, t) = a(x)b(t)$ mit geeigneten Funktionen $a$ und $b$ sind. Ob dieser Ansatz die Gleichung erfüllt oder nicht, müssen wir nachprüfen. Wir ersetzen also $u = ab$ in Gleichung (5.9), kürzen mit $ab$ und erhalten

$$\frac{b_t}{b} - r = \frac{Da_{xx}}{a} .$$

Die linke Seite dieser Gleichung ist eine Funktion von $t$, während die rechte Seite nur von $x$ abhängt. Da beide Variablen aber unabhängig sind, ist die einzige Möglichkeit dafür, daß beide Seiten gleich sind, daß sie für alle $x$ und $t$ gleich einer Konstanten $c$ sind. Teilt man noch durch $D$, so erhält man zwei getrennte Gleichungen:

$$
\begin{aligned}
b_t - (r + Dc)b &= 0 \\
a_{xx} - ca &= 0 \, ,
\end{aligned}
\tag{5.10}
$$

wobei die unteren Indices jetzt gewöhnliche Ableitungen bezeichnen. Beide Gleichungen haben Lösungen, damit hat der Trick, die Lösung $u$ in ein Produkt aus $a$ und $b$ zu zerlegen, gewirkt. Die erste dieser Gleichungen hat die wohlbekannte Lösung $b(t) = b_0 \exp[(r + Dc)t]$, wobei $b_0$ der Anfangswert von $b$ zur Zeit $t = 0$ ist. Für positives $c$ wächst $b$ exponentiell mit einer Rate, die größer ist als $\exp[rt]$. Das ist aber größer ist als die Wachstumsrate, die man von einer Zellteilung mit einer Rate $ru$ erwarten kann, die wir für die Wachstumsrate pro Zeiteinheit angesetzt hatten. Damit wir das Modell also biologisch sinnvoll deuten können, muß $c$ negativ gewählt werden. Wir definieren $d$ als die positive Konstante $-c$, so daß

$$b(t) = b_0 \exp[(r - Dd)t] \, . \tag{5.11}$$

Die zweite der Gleichungen (5.10) besitzt die Lösungen $\cos(\sqrt{d}x)$ und $\sin(\sqrt{d}x)$, wie man durch Einsetzen leicht nachprüft. Eine Linearkombination dieser beiden Funktionen ist wieder eine Lösung (siehe Anhang B):

$$a(x) = c_1 \cos(\sqrt{d}x) + c_2 \sin(\sqrt{d}x) \, . \tag{5.12}$$

An diesem Punkt müssen wir den Rand des Algenteppichs in unser Modell aufnehmen. Angenommen, die beiden Ränder des Teppichs sind bei 0 und L. Wir verlangen, daß $u$ sowohl bei $x = 0$ als auch bei $x = L$ für alle Zeiten verschwindet, um damit auszudrücken, daß sich das Wasser außerhalb nicht für das Wachstum eignet. Für $x = 0$ reduziert sich der Ausdruck für $a(x)$ auf die Konstante $c_1$. Da $b(t)$ nie verschwindet, ist das Produkt von $a$ und $b$ bei $x = 0$ nur dann gleich Null, wenn die Konstante verschwindet. Am anderen Ende muß das Produkt aus $a$ und $b$ ebenfalls gleich Null sein, aber wenn wir $c_2 = 0$ setzen, dann verschwindet $u(x, t)$ für alle $x$ und $t$, was witzlos ist. Also muß $\sin(\sqrt{d}x)$ bei $x = L$ verschwinden. Der kleinste Wert, für den dies erfüllt ist, ist $L = \pi/\sqrt{d}$, woraus folgt $d = (\pi/L)^2$. Schließlich sehen wir noch, daß für negatives $r - Dd$ die Funktion $u(x, t)$ für $t \to \infty$ gegen Null strebt, was aus Gleichung (5.11) klar wird. Da wir aber für Bedingungen eines fortgesetzten Wachstums innerhalb des Teppichs suchen, verlangen wir, daß $r - Dd$ nichtnegativ sein muß. Mit dem soeben erhaltenen Wert für $d$ ergibt sich daraus die Bedingung $r - D(\pi/L)^2 \geq 0$, oder anders geschrieben

$$L \geq \pi \sqrt{\frac{D}{r}} \, . \tag{5.13}$$

Die linke Seite dieser Ungleichung ist die kritische Teppichgröße, die kleinste Größe also, die den Algen erlaubt, eine genügend große Zahl von Zellen nachzubilden und die durch Auseinanderlaufen verlorenen damit zu ersetzen. Ist sie kleiner, so bleibt die Reproduktionsfähigkeit hinter der Diffusion zurück. Man beachte, daß die kritische Größe kleiner wird, wenn die Vermehrungsrate steigt, während, wenn die Dispersion mit der Konstanten $D$ ansteigt, $L$ ebenfalls größer werden muß. Beide Ergebnisse stimmen mit unseren Erwartungen überein.

Durch Beobachtungen weiß man, daß die wirklichen Algenteppiche auf offener See eine Größe von ca. 10 bis 100 Kilometern erreichen, in geschützteren Küstengewässern zwischen 1 und 10 Kilometern. Läßt man die Rate des Algenwachstums zwischen 0,1 und 1 Zellteilung pro Tag variieren, eine Zahl, die ungefähr richtig ist in wärmeren Gewässern, dann bekommt man unter Verwendung von Schätzwerten für den Diffusionskoeffizienten $D$ aus dem Buch von Okubo (siehe auch Abschnitt 5.8) aus unserem Modell einen kritischen Radius zwischen 2 und 50 Kilometern, was recht gut mit den Beobachtungen übereinstimmt.

Am Schluß dieses Abschnitts wollen wir noch eine Bemerkung zu einer vereinfachenden Annahme machen, die sowohl angemessen als auch nützlich ist. Wenn der Algenteppich einige Zeit bestehen bleibt, bevor er schließlich durch Wind und Wellen zerlegt wird, dann erreichen Wachstum und Dispersion ein gewisses Gleichgewicht, bei dem die Ansammlung der Algen eine stabile Konfiguration im Raum erreicht, die sich gar nicht oder nur wenig mit der Zeit ändert. Unter diesen Umständen kann man die Funktion $u(x, t)$ durch eine Funktion $u(x)$ ersetzen, welche nur vom Ort abhängt. Dies nenn man die *Gleichgewichts-Annahme*, und da $u_t$ jetzt gleich Null ist, können wir Gleichung (5.9) als gewöhnliche Differentialgleichung schreiben:

$$u''(x) + \frac{r}{D} u(x) = 0 \,. \qquad (5.14)$$

Diese Gleichung besitzt eine explizite Lösung (vgl. Anhang B), die proportional ist zu $\sin(\sqrt{r/D}\,x)$, wenn man die Bedingungen $u(0) = u(L) = 0$ verwendet. Damit nimmt $u$ ein Maximum an bei $x = L/2 = \sqrt{D/r}\,\pi/2$.

## 5.4 Rote Tide II

Der Vollständigkeit halber wollen wir auch noch andeuten, wie die Argumentation abläuft, wenn man den Teppich als ein zweidimensionales Gebiet der Ebene auffaßt. Da die Diskussion etwas mehr auf die mehrdimensionale Analysis zurückgreift, werden manche Leser diesen Abschnitt für sich als nicht so wichtig einstufen, besonders, da die dadurch erreichten Erkenntnisse sich nicht stark von den soeben erreichten unterscheiden.

Zuerst schauen wir uns an, wie Gleichung (5.7) im Kontext von zwei Raumdimensionen $x$ und $y$ aussieht, da sich dies besser für die Beobachtung der Algenbewegung auf der Meeresoberfläche eignet, aber auch für die Verbreitung der Eichhörnchen über Wiesen und Felder.

Die Argumente sind eine bloße Wiederholung von dem, was wir vorher schon gemacht haben, abgesehen davon, daß die Bewegung in der Ebene stattfindet anstatt längs einer Geraden, wobei die stetige Verteilung $u(x, t)$ ersetzt wird durch $u(x, y, t)$.

Man betrachtet ein Gebiet $G$ in der Ebene, das von einer glatten Kurve $C$ berandet wird. Die Koordinaten sind parametrisiert durch $r(s) = (x(s), y(s))$, wobei $s$ die Bogenlänge bezeichnet. Die Tangente an die Kurve ist damit gegeben durch die Ableitung $r'(s) = (x'(s), y'(s))$. Schreibt man $a \cdot b$ für das innere Produkt zweier Vektoren $a$ und $b$, so sehen wir, daß der Vektor $r'$ orthogonal ist zum Vektor $n$, der definiert ist durch $n(s) = (y(s), -x(s))$ für alle $s$. Wir nennen $n$ die Normale an die Kurve $C$ (siehe Anhang C). Der Vektor $n$ steht senkrecht auf $C$ und zeigt aus $G$ hinaus.

Die Gesamtmasse der Teilchen in $G$ ist durch das Flächenintegral der Konzentration $u$ über $G$ gegeben, und die Rate ihrer zeitlichen Veränderung ist wie oben die Ableitung bezüglich $t$, die wir unter das Integral ziehen können:

$$\iint\limits_{G} u_t(x, y, t) \, \mathrm{d}x \, \mathrm{d}y \ . \tag{5.15}$$

Die Massenerhaltung legt nahe, daß die Rate der Massenänderung gemäß Gleichung (5.15) gleich sein muß dem Teilchenfluß durch den Rand von $G$ plus aller zusätzlichen Quellen und Senken innerhalb $G$. Wie vorher ist der Fluß von Quellen und Senken, der als Konzentration pro Zeiteinheit gemessen wird, eine bekannte Funktion $w(x, y, t)$.

Sei $q(x, y, t)$ der Teilchenfluß in Einheiten Masse pro Zeiteinheit. Das ist ein Vektor mit den Komponenten $q_i$, i=1,2. Da $n$ die nach außen gerichtete Normale zu $C$ ist, gibt $q \cdot n$ die Komponente von $q$ an, die nach außen gerichtet ist. Das Integral dieser Größe über $C$ ist der Netto-Teilchenfluß aus $G$ heraus:

$$-\int\limits_{C} q \cdot n \, \mathrm{d}s \ . \tag{5.16}$$

Das Minuszeichen zeigt an, daß der nach außen gerichtete Fluß die Masse in $G$ verringert. Nun leiten wir dasselbe Ficksche Gesetz wie im eindimensionalen Fall her, indem wir fordern, daß die zwei Komponenten $q_1$ und $q_2$ des Vektors $q$ proportional sind zur Ableitung von $u$ in $x$- und $y$-Richtung: $q_1 = -cu_x$ und $q_2 = -cu_y$. In der Vektornotation ist dies $q = -c\nabla u$, wobei $\nabla u$ den Gradientenvektor von $u$ mit den Komponenten $u_x$ und $u_y$ bezeichnet.

Das Linienintegral (5.16) kann jetzt umgeschrieben werden zu

$$-\int_C q \cdot n \, \mathrm{d}s = -\int_C (q_1 y' - q_2 x') \, \mathrm{d}s = -c \int_C (u_y x' - u_x y') \, \mathrm{d}s \ . \quad (5.17)$$

Nach dem Gaußschen Satz in der Ebene kann das Linienintegral auf der rechten Seite umgewandelt werden in das Flächenintegral

$$c \iint_G (u_{xx} + u_{yy}) \, \mathrm{d}x \, \mathrm{d}y \ . \quad (5.18)$$

Kombiniert man die Gleichungen (5.18) und (5.15) und berücksichtigt auch noch die Quellenfunktion $w$, dann erhält man aus der Massenerhaltung

$$\iint_G (u_t - c\Delta u - w) \, \mathrm{d}x \, \mathrm{d}y = 0 \ ,$$

wobei wir den Laplace-Operator $\Delta u = u_{xx} + u_{yy}$ verwendet haben. Da $G$ ein beliebiges Gebiet in der Ebene mit glattem Rand war, muß der Integrand selbst für alle $x$ und $y$ verschwinden. Nehmen wir andererseits an, daß der Integrand an irgendeinem Punkt des Gebietes positiv ist, dann können wir eine kleine Scheibe $I$ um diesen Punkt legen, auf der der Integrand positiv ist. Das ist möglich, da $u_t - c\Delta u - w$ eine stetige Funktion ist, die ihren Wert nicht abrupt ändern kann. Daraus folgt, daß das Flächenintegral dieser Größe über $I$ auch positiv ist, was aber nicht möglich ist. Die zweidimensionale Diffusionsgleichung ist damit

$$u_t - D\Delta u - w = 0 \ , \quad (5.19)$$

wobei wir $c$ wieder durch den Diffusionskoeffizienten ersetzt haben.

Für Probleme mit Radialsymmetrie wie etwa der zweidimensionale Teilchenstrom, die *isotrop* sind (das bedeutet, daß der Fluß vom radialen Abstand, aber nicht vom gewählten Winkel abhängt), kann

Gleichung (5.19) auch anders geschrieben werden. Mit einem Koordinatenwechsel $x = r \cos\theta$ und $y = r \sin\theta$ definieren wir eine Funktion $v(r,t) = u(r \cos\theta, r \sin\theta, t)$, die nicht explizit von $\theta$ abhängt. Nach der Kettenregel der Differentiation für zwei Variable gilt dann (Übung 5.7.2)

$$u_{xx} + u_{yy} = \frac{v_r}{r} + v_{rr}$$

und damit wird mit $W(r,t) = w(x,y,t)$ die Diffusionsgleichung zu

$$v_t = \frac{Dv_r}{r} + Dv_{rr} + W \ . \tag{5.20}$$

Nach diesem etwas längeren Umweg kommen wir wieder zur *roten Tide* zurück und setzen ein rundes Gebiet voraus, in dem die Konzentration mit dem radialen Abstand $r$ vom Mittelpunkt des Teppichs, aber nicht mit dem Winkel variiert. Diese Isotropie-Forderung drückt den Glauben aus, daß in der turbulenten Diffusion des Ozeans keine Richtung bevorzugt sein kann. Um Verwirrung zu vermeiden, schreiben wir die Wachstumsrate jetzt als $s$ anstatt $r$ und reservieren $r$ für den Radius. Damit drücken wir die Diffusionsgleichung aus, in der jetzt $W(r,t) = sv(r,t)$ ist:

$$v_t = \frac{Dv_r}{r} + Dv_{rr} + sv \ . \tag{5.21}$$

Die Funktion $v(r,t)$ ist gleich $u(x,y,t)$ in Polarkoordinaten. Wir möchten wieder den minimalen Radius $L$ finden, ab dem die Algenblüte erhalten bleibt. Außerhalb eines Kreises mit diesem Radius sind die Wachstumsbedingungen wieder ungünstig, so daß wir $v(L,t) = 0$ fordern.

Wir benützen wieder die Technik der Separation der Variablen und setzen $v(r,t)$ als $a(r)b(t)$ an. In analoger Weise wie oben erhält man wieder zwei Differentialgleichungen

$$
\begin{aligned}
b_t - (s - Dd)b &= 0 \\
ra_{rr} + a_r + dsa &= 0 \ .
\end{aligned}
\tag{5.22}
$$

Die erste der beiden Gleichungen ist dieselbe wie die erste Gleichung in (5.10), außer daß $c = -d$. Die zweite Gleichung ist dagegen wohl weniger bekannt und heißt *Besselsche Differentialgleichung* nach dem deutschen Astronomen F. W. Bessel. Anstatt auf Details einzugehen, geben wir einfach an, daß diese Gleichung eine Lösung besitzt, die *Besselfunktion erster Art nullter Ordnung*, die auch für $r = 0$ endlich bleibt. Es gibt auch eine andere Lösung, die *Besselfunktion zweiter Art*, die für $r$ gegen Null nicht beschränkt bleibt und deshalb verworfen wird, weil sie eine physikalisch nicht akzeptable Lösung ergibt. Die Besselfunktion, die wir verwenden, wird mit $J_0(\sqrt{d}\,r)$ bezeichnet und hat ein Verhalten, das dem von $\cos(\sqrt{d}\,t)$ nicht unähnlich ist: sie hat für $r = 0$ den Wert Eins und oszilliert dann, wobei die erste Nullstelle bei $\sqrt{d}\,r = 2,405\sqrt{d}$ liegt, wohingegen die erste Nullstelle von $\cos(\sqrt{d}\,r)$ bei $\frac{\pi}{2}\sqrt{d}$ liegt (vgl. Bild 5.1).

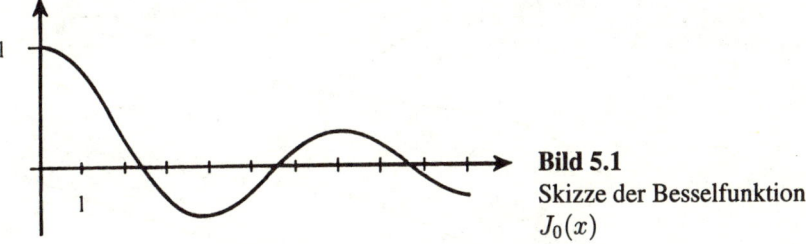

**Bild 5.1**
Skizze der Besselfunktion
$J_0(x)$

Die Abschnitte 13.1 und 13.2 im Buch von Redheffer, auf das schon in Abschnitt 4.2 verwiesen wurde, geben die fehlenden Details über das Lösen der Besselgleichung an.

Geht man nun genauso wie im eindimensionalen Fall vor, so erhält man

$$L \geq 2,405\sqrt{\frac{D}{s}}\,,$$

was nur dadurch von unserer obigen Abschätzung für das kritische $L$ abweicht, daß die Konstante $\pi$ durch 2,405 ersetzt ist.

141

## 5.5 Ausbreitung von Verschmutzungen

Verschmutzungen, die in eine abgeschlossene Bucht über einen Einlauf abgelassen werden, werden teilweise durch die Gezeiten vermischt. Die offene See wird oft als eine unbeschränkte Senke für Verunreinigungen angesehen, eine vereinfachende Annahme, die erlaubt, sich auf die Konzentration der Verschmutzung innerhalb eines begrenzten Wasserkörpers zu beschränken, der beinahe vollständig von der Küste umschlossen ist. Was wir im Sinn haben, ist eine Bucht mit einer kleinen Verbindung zum Ozean am einen Ende, wie in Bild 5.2 gezeigt.

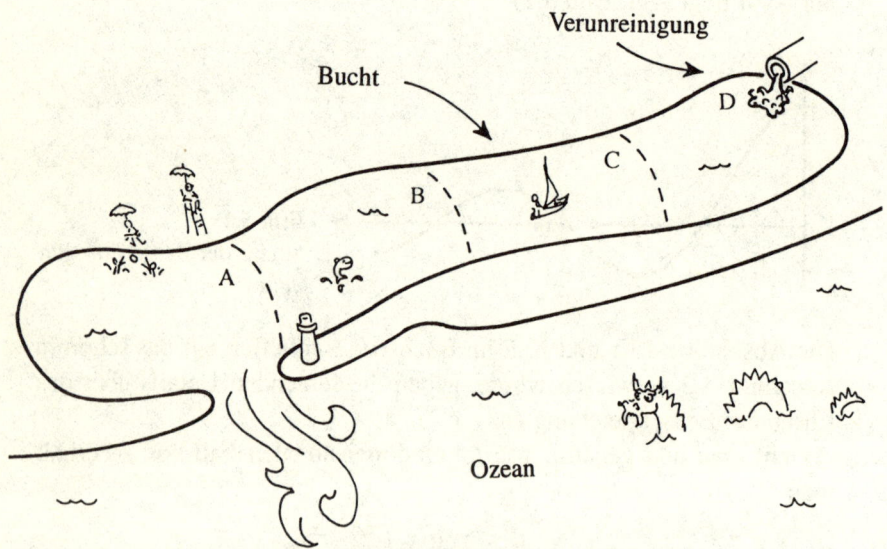

**Bild 5.2** Eine hypothetische Bucht mit einer Verschmutzungsquelle

Um die Auswirkungen der in verschiedenen Teilen der Bucht eingeleiteten Verschmutzungen abschätzen zu können, müssen wir die langfristige Konzentration der Verschmutzungen quantifizieren können, die aus dem Wechselspiel zwischen Gezeitenvermischung auf der einen und der kontinuierlichen Befrachtung der Bucht mit Verunreinigungen auf der anderen Seite entsteht. Umweltschützer benützen dafür oft ausgereifte

Modelle, die die Hydrodynamik von Flußmündungen und Meeresbuchten berücksichtigen, aber für unsere Zwecke wird sich ein einfacherer Zugang bewähren, der hilfreiche, wenn auch vielleicht nicht so exakte Aussagen liefert.

Angenommen, die Verunreinigungen, die am Ort $D$ im Bild 5.2 in die Bucht eingeleitet werden, sind vollständig mit dem Wasser mischbar. Wir werden uns für die Langzeitbedingungen interessieren, lange nachdem die Einleitung begonnen hat, wenn die Konzentration der Verschmutzung ein Gleichgewicht bezüglich der Gezeitenbewegungen erreicht hat. Der so benützte Zugang ist gleichwertig zu einem Gleichgewichtsmodell, im Gegensatz zu feiner ausgearbeiteten Modellen, die kurzzeitigen, stark veränderlichen Störungen nachgehen, wie sie zum Beispiel durch einen Sturm verursacht werden, bei dem eine Woge von Abwasser in die Bucht schwappt.

Nehmen wir als Muster für die Verunreinigung an, daß ein Farbstoff in die Bucht eingeleitet wird. Wenn der Farbstoff abgelassen wird, passiert zweierlei: Zuerst einmal wird durch die Bewegung des Wassers im Gezeitenrhythmus ein Teil des Farbstoffs in Richtung See geschwemmt und ist schließlich verloren, da er aus einer unendlichen Senke wie der See nicht mehr zurück kann. Zum anderen wird über mehrere Zyklen die Farbstoffblase hin- und hergeschoben, als Ergebnis der Gezeitenströmung in die eine Richtung bei Ebbe und in die andere bei Flut. Zusätzlich verteilt sie sich aufgrund von Diffusion (bedenke was geschieht, wenn man einen Spritzer Farbe in eine volle, absolut ruhige Badewanne fallen läßt!), aber das wollen wir hier vernachlässigen. Schließlich hat sich der Farbstoff über die ganze Bucht verteilt und seine Konzentration pendelt sich auf einen Wert ein, der nur noch von Ort zu Ort verschieden ist (aber zu allen Zeiten gleich). Das ist die schon oben erwähnte Gleichgewichtsbedingung. Natürlich nehmen wir an, daß der Farbstoff stetig an der Einlaufstelle zugesetzt wird, denn andernfalls würde die Konzentration abnehmen und schließlich völlig verschwinden. Der Gleichgewichtszustand stellt damit ein Nettogleichgewicht dar zwischen der der Bucht zugesetzten und der ins Meer abfließenden Menge an Farbstoff, nachdem eine vollständige Vermischung stattgefunden hat.

Wir definieren die Gezeitenauslenkung als die mittlere Strecke, die vom Farbstoff in jedem Gezeitenzyklus zurückgelegt wird. In Bild 5.2 sehen wir gepunktete Linien, von denen jede eine Gezeitenauslenkung von der Ausflußstelle landwärts bezeichnet. Ein Farbstoff, der bei $B$ eingeleitet würde, käme bis $A$ während der nächsten Ebbe und bis $C$ während der nachfolgenden Flut.

Sei $u(x, t)$ die Gleichgewichtskonzentration der Verschmutzung und $q(x, t)$ die Strömung in der Bucht entlang der eindimensionalen Richtung von $A$ nach $D$ in Bild 5.2 unter der vereinfachenden Annahme, daß sich $u$ senkrecht dazu nicht ändert. Das bedeutet nichts anderes, als daß sich die Konzentration nur mit der Entfernung von der Einlaufstelle ändert, eine brauchbare Näherung. Bei jeder Ebbe fließt das Wasser von rechts nach links für ungefähr sechs Stunden, dann umgekehrt während der Flut. Ein Gezeitenzyklus besteht damit aus zwei gegenläufigen Strömungen. Dies legt nahe, daß $u$ die Strömungsgleichung (5.8) während jeder Hälfte des Gezeitenzyklus erfüllt. Die Konvektionsgleichung war

$$u_t = -(vu)_x + w \, . \tag{5.23}$$

Diese wollen wir nun annähern, um eine einfache Faustregel für die Ausbreitung von Verschmutzungen zu erhalten. Zuerst einmal teilen wir die Bucht in Segmente, die den Wasserkörper von der Grenze einer Gezeitenauslenkung bis zur nächsten enthalten. Aus Bild 5.2 erhalten wir drei Segmente, aber im allgemeinen Fall können es viel mehr sein, sowohl in horizontaler als auch in vertikaler Richtung je nach der tatsächlichen Bucht-Meer-Konfiguration. Das Rechenschema, das wir vorstellen wollen, wird in jedem Fall gleich ausgeführt.

Wir nehmen an, daß in jedem Segment die Verschmutzung gleichmäßig vermischt und die Konzentration $u$ (Masse/Volumen) konstant ist. Alle Änderungen in $u$ finden zwischen den Segmenten statt und nicht innerhalb. Außerdem ist die Geschwindigkeit $v$ der Strömung (Volumen/Zeit) nur in das Segment hinein und aus ihm heraus gerichtet, damit brauchen wir die Werte von $v$ nur an den Punkten $A$, $B$ oder $C$ zu kennen, welche wir mit $v_1$, $v_2$ bzw. $v_3$ bezeichnen. Die Näherung besteht nun darin, daß wir die drei Segmente separat betrachten, von denen jedes eine Länge von $\Delta x$ besitzt, was einer einzigen Gezeitenauslenkung der Dauer $\Delta t$ entspricht, entweder einer Ebbe oder einer Flut. Seien $u_i$ die

144

Schadstoffkonzentrationen in den Segmenten $i = 1, 2, 3$ und $\Delta u_i$ die Änderung von $u_i$ während jedes halben Gezeitenzyklus. Dann wird $u_t$ im Segment $i$ angenähert durch $\Delta u_i / \Delta t$, während $(vu)_x$ angenähert wird durch die Differenz von $vu$ zwischen den beiden Grenzen des Segments $i$, dividiert durch das Volumen $V_i$ des Segments. Gleichung (5.23) gibt nun den Wert von $u$ während einer Ebbe an, Segment für Segment gilt

$$\frac{V_1 \Delta u_1}{\Delta t} = -(v_1 u_1 - v_2 u_2)$$

$$\frac{V_2 \Delta u_2}{\Delta t} = -(v_2 u_2 - v_3 u_3)$$

$$\frac{V_3 \Delta u_3}{\Delta t} = -(v_3 u_3 - W) \,, \qquad (5.24)$$

wobei $W$ die Abflußrate bezeichnet (Masse/Zeit). Beachte, daß man $w$ in Gleichung (5.23) aus $W$ erhält, indem man es durch das Volumen des Segments teilt.

Analog erhält man für die Dauer einer Flut

$$\frac{V_1 \Delta u_1}{\Delta t} = -v_2 u_1$$

$$\frac{V_2 \Delta u_2}{\Delta t} = v_2 u_1 - v_3 u_2$$

$$\frac{V_3 \Delta u_3}{\Delta t} = v_3 u_2 + W \,. \qquad (5.25)$$

Beachte, daß es in der ersten Teilgleichung von (5.25) keinen Schadstoffstrom gibt, da aus dem Ozean bei jeder Flut sauberes Wasser nachfließt. Dies ist auch in der ersten Teilgleichung von (5.24) ausgedrückt, worin $v_1 u_1$ den Schadstoffstrom ins Meer bezeichnet, der nicht mehr zurückkehrt.

In einem Gleichgewichtsmodell erwarten wir, daß $\Delta u_i$ während einer Ebbe betragsmäßig gleich, aber von verschiedenem Vorzeichen ist wie das $u_i$ während einer Flut. Damit erhalten wir aus (5.24) und (5.25)

$$v_2 u_2 - v_1 u_1 = v_2 u_1$$

$$v_2 u_2 - v_3 u_3 = v_2 u_1 - v_3 u_2$$

$$v_3 u_3 - W = v_3 u_2 + W \,.$$

Diese einfachen Gleichungen können leicht gelöst werden und man
erhält

$$u_1 = \frac{2W}{v_1}$$

$$u_2 = \frac{2W}{v_2} + u_1$$

$$u_3 = \frac{2W}{v_3} + u_2 . \tag{5.26}$$

Daraus ergibt sich das nicht gerade überraschende Ergebnis, daß die
Schadstoffkonzentration auf dem Weg von der Verbindung zum Meer
buchteinwärts anwächst. Ein ähnliches Ergebnis würde man finden,
wenn der Schadstoffeinfluß an einer anderen Stelle wäre (Übung 5.7.6).

Betrachten wir einmal einen Wasserkörper von $1\,km^3$, der sich mit den
Gezeiten bewegt. Wird im Gleichgewichtszustand eine Tonne an Verschmutzungen diesem Volumen zugemischt, dann erhält man in jenem
Wasserkörper eine Konzentration von $10^{-9}$ (kurz 1 ppb von *parts per
billion*, d. i. Teilchen pro Milliarde Teilchen), da $1\,km^3$ Wasser etwa $10^9$
t wiegt. Je nachdem, wieviel Wasser ins Meer abfließt ($km^3$/Zeiteinheit)
und wie der Zufluß $W$ an Schadstoffen ist (t/Zeiteinheit), wird die Konzentration natürlich verschieden sein. Buchten mit schwacher Gezeiten-
bewegung haben dann eine höhere Schadstoffkonzentration als normale.

Nimmt man einen kontinuierlichen Zufluß von einer Tonne pro $\Delta t$
an, dann ist die Gleichgewichts-*Schadstoffverteilung* in jedem Segment
der Bucht definiert als die langfristig auftretende Konzentration in ppb.
Gibt es in der Bucht eine gleichbleibende Strömung, wie es z. B. in
Flußmündungen der Fall ist, dann wird die resultierende Konzentration
kleiner sein, da der Gesamtfluß zum Ozean hin jetzt größer ist. Wird die
Konzentration des Schadstoffs darüberhinaus nicht erhalten, weil er im
Wasser nach einiger Zeit von Bakterien abgebaut wird, dann wird die
langfristige Konzentration gesenkt. Damit überschätzt das hier angege-
bene Modell wohl die tatsächliche Schadstoffverteilung.

Da wir $W$ als bekannt vorausgesetzt haben und die $v_i$ aus hydrogeogra-
phischen Daten berechnet werden können, kann die Schadstoffkonzentration aus Gleichung (5.26) berechnet werden. Die Schadstoffverteilung
ist dann der Spezialfall von $W = 1$ t pro $\Delta t$. Dieses einfache Schema

bietet schon einen erstaunlich guten Indikator dafür, wie empfindlich die Buchten auf Schadstoffbefrachtung reagieren.

Als andere Anwendung der Konvektionsgleichung (5.23) betrachten wir einen Fluß, der an der Stelle $x$ mit konstanter Geschwindigkeit $v$ fließt. Wir nehmen wieder einen konstanten Einfluß von $W$ t/Zeit an der Stelle $x = 0$ an, den wir diesmal als Randbedingung ausdrücken, anstatt ihn in die Gleichungen als separaten Quellterm einzubauen. Damit wird $u_t = vu_x$, mit $u(0,t) = W$.

Nehmen wir nun an, daß die Verschmutzung eine organische Substanz ist, die aufgrund bakteriellen Abbaus mit einer Rate proportional zur Konzentration der Verschmutzung abgebaut wird. Dies ist ein Verlustterm in der Konvektionsgleichung, dabei wird $w = -ku$ mit einer Proportionalitätskonstante $k$ in Einheiten 1/Zeit angegeben. Damit erhalten wir

$$u_t = -vu_x - ku \, . \tag{5.27}$$

Wenn die Verschmutzung abgebaut wird, verringert sich der Sauerstoffgehalt des Wassers, da die Bakterien Sauerstoff zum Abbau benötigen. Der Sauerstoffschwund findet mit derselben Rate statt, mit der die Konzentration $u$ abnimmt. Es gibt aber auch einen Sauerstoff-Nachschub, da das Wasser über die Oberfläche Sauerstoff aus der Luft wieder aufnimmt. Wenn $p(x,t)$ die Konzentration des gelösten Sauerstoffs zur Zeit $t$ an der Stelle $x$ und $p_{\max}$ der Sättigungswert von Sauerstoff im Wasser ist (eine empirisch bestimmte Konstante), dann ist der Sauerstoff-Anreicherungsterm proportional zur fehlenden Sauerstoffmenge $(p_{\max} - p)$ in jedem Zeitpunkt. Die Proportionalitätskonstante $k_1$ besitzt als Einheit ebenfalls 1/Zeit, und wir setzen voraus, daß $k_1 > k$. Die Konvektionsgleichung für $p$ wird damit zu

$$p_t = -vp_x - ku + k_1(p_{\max} - p) \, . \tag{5.28}$$

Nun suchen wir eine Gleichgewichtslösung (eine Lösung also, die zeitunabhängig ist) für das Gleichungspaar (5.27) und (5.28) im Geiste der Diskussion am Ende von Abschnitt 5.3. Wir wissen, daß $u(0) = W$ ist und daß man auch einen Anfangswert $p(0)$ kennt. Die Gleichungen sind nun gewöhnliche Differentialgleichungen in der Variablen $x$:

$$u'(x) + \frac{k}{v}u(x) = 0$$

$$p'(x) + \frac{k}{v}u(x) - \frac{k_1}{v}(p_{\max} - p(x)) = 0 . \qquad (5.29)$$

Die erste der beiden Gleichungen läßt sich leicht lösen. Setzen wir dies in die zweite ein, so erhalten wir eine einzige Gleichung die linear, aber inhomogen ist (vgl. Abschnitt 6.1 im Buch von Redheffer, das in Abschnitt 4.7 angegeben ist). Sie besitzt damit eine explizite Lösung, die den Sauerstoffmangel in Abhängigkeit vom Abstand von der Verschmutzungsquelle anzeigt (Übung 5.7.7). Da der Gehalt an gelöstem Sauerstoff ein Maß für die Wassergüte ist, ist diese Rechnung von einigem Interesse für Umweltingenieure.

## 5.6 Die Verbreitung des grauen Eichhörnchens

Als das amerikanische graue Eichhörnchen um die Jahrhundertwende in England freikam, war es mit einem Konkurrenten konfrontiert, das einheimische rote Eichhörnchen, das denselben Lebensraum bevölkerte und ähnliche Freßgewohnheiten besaß. Einige rote Eichhörnchen fielen einer Krankheit zum Opfer, die wahrscheinlich durch ihre grauen Verwandten eingeschleppt wurde, aber sie wurden wohl viel deutlicher ausgestochen durch die erfolgreicheren Fortpflanzungsfähigkeiten und die Größe der Amerikaner. Im Laufe der Zeit, als die ursprünglichen Standorte langsam überfüllt wurden, begann der Eindringling neue Gebiete zu kolonialisieren, größtenteils die Waldlandschaften. Als die grauen Eindringlinge vorankamen, ersetzten sie größtenteils die roten, die bereits hier gelebt hatten. Die zwei Gattungen koexistierten eine gewisse Zeit, während der die Konzentration der grauen stieg, die der roten sank. Die ganzen Änderungen in der Populationsdichte breiteten sich als zwei Wellen aus, die außer Phase waren, als das graue Eichhörnchen zunehmend neue Gebiete besiedelte und das rote Eichhörnchen zurückging (Bild 5.3). Unsere Idee ist nun, das wellenförmige Verhalten der Ausbreitung

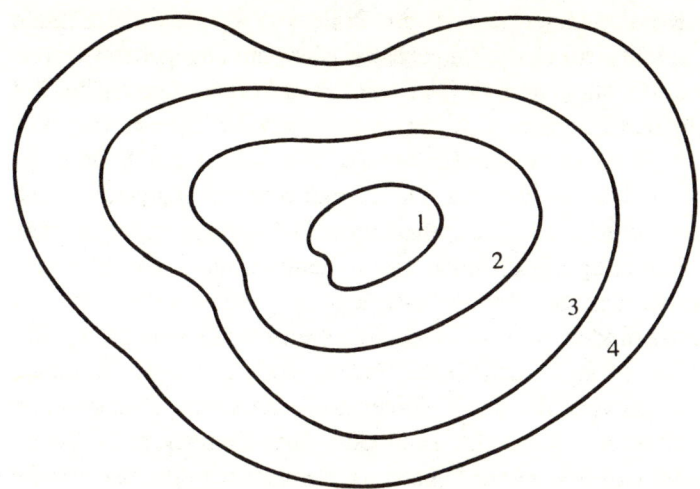

**Bild 5.3** Skizze einer typischen Ausbreitung im Raum; die Konturlinien bezeichnen das Fortschreiten in aufeinanderfolgenden Jahren.

des eindringenden grauen Eichhörnchens mit Hilfe der Diffusionsgleichung (5.6) zu modellieren, um die räumliche Verbreitung dieser Säugetiere entlang einer einzigen Bewegungsachse aufzuzeigen. Zusätzlich beschreiben wir den Konkurrenzkampf der beiden Arten mit den Gleichungen aus Abschnitt 4.2. Sie spielen die Rolle des Netto-Quellterms $w$ in der Diffusionsgleichung. Die Beschränkung auf eine eindimensionale Bewegung wird wieder aus Gründen der mathematischen Einfachheit gemacht, mindert den Nutzen des Modells aber nicht wesentlich.

Seien $u(x,t)$ und $v(x,t)$ die Populationsdichten des grauen und des roten Eichhörnchens, die wie üblich als zweimal stetig differenzierbare Funktionen in $x$ und $t$ angenommen werden. Dann erhalten wir aus der Kombination der Gleichungen (5.7) und (4.5) die folgenden beiden Gleichungen:

$$
\begin{aligned}
u_t &= D_1 u_{xx} + ru\left(1 - \frac{u}{K}\right) - auv \\
v_t &= D_2 v_{xx} + sv\left(1 - \frac{v}{L}\right) - buv \,,
\end{aligned}
\qquad (5.30)
$$

149

wobei die Konkurrenzterme jetzt die Rolle von Quellen und Senken spielen. In einem Artikel, der im nächsten Abschnitt angegeben ist, werden die Netto-Geburtsraten zu 0,82 und 0,61 pro Jahr abgeschätzt, bei einer maximalen Populationsdichte von 10 und 0,75 pro Hektar. Die Diffusionskoeffizienten werden in beiden Fällen gleich zu 18 Quadratkilometern pro Jahr abgeschätzt. Die Konkurrenz-Koeffizienten $a$ und $b$ können nur schwer aus den vorhandenen Daten abgeschätzt werden, aber es ist vernünftig anzunehmen, daß $a$ kleiner ist als $b$, da die grauen die roten ausstechen. Sie werden festgelegt zu $a = 0,5$ und $b = 1,5$.

Um herauszufinden, was zumindest theoretisch möglich ist, vereinfachen wir das Modell noch weiter, indem wir die meisten Variablen so skalieren, daß viele der Koeffizienten zu Eins werden. Dies gestattet uns, mit analytischen Methoden zumindest einen Einblick in die Struktur des Modells zu bekommen. Später vergleichen wir eine numerische Simulation des ganzen Modells mit Feldbeobachtungen. Die drastisch vereinfachten Gleichungen sind dann

$$
\begin{aligned}
u_t &= u_{xx} + u(1 - u) - auv \\
v_t &= v_{xx} + v(1 - v) - buv \,,
\end{aligned}
\tag{5.31}
$$

mit $a < 1$, $b > 1$ und $a + b = 2$.

Ohne Diffusion und räumliche Abhängigkeiten (also speziell mit $u_{xx} = v_{xx} = 0$) besteht das Modell aus zwei gekoppelten gewöhnlichen Differentialgleichungen mit Gleichgewichtszuständen bei

$$
\begin{pmatrix} u \\ v \end{pmatrix} = \begin{pmatrix} 0 \\ 0 \end{pmatrix}, \ \begin{pmatrix} 0 \\ 1 \end{pmatrix} \text{ und } \begin{pmatrix} 1 \\ 0 \end{pmatrix}
$$

im ersten Quadranten der $u$-$v$-Ebene. Eine Analyse der Nulllinien zeigt, daß die ersten beiden Punkte instabil sind, aber der letzte ein Attraktor (Bild 5.4 und Übung 5.7.3; vergleiche auch die Diskussion von Gleichgewichtszuständen und Nulllinien in Abschnitt 4.2).

Bild 5.4 demonstriert, daß es für Trajektorien möglich ist, auf den Punkt $u = 1$, $v = 0$ zuzulaufen, in dem die grauen Eichhörnchen die roten ausgestochen haben. Das ist erneut der Grundsatz, daß von zwei Arten, die stark überlappende ökologische Nischen einnehmen, unausweichlich eine ausgelöscht wird.

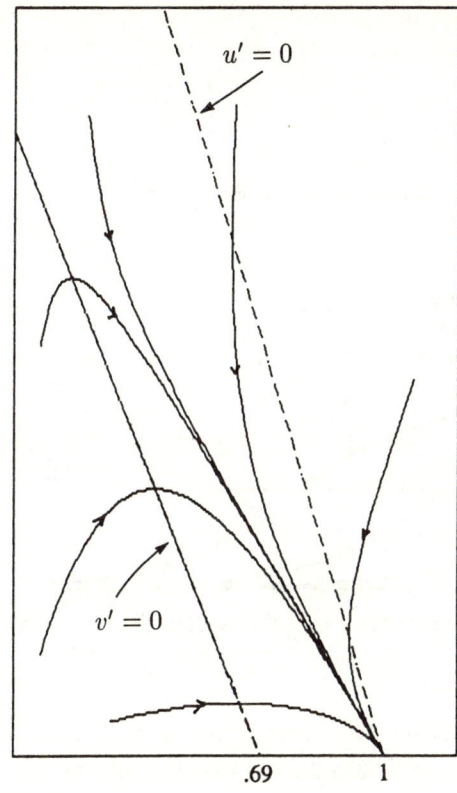

$u' = 0$

$v' = 0$

.69                    1

**Bild 5.4**
Nulllinien und typische
Trajektorien für die Gleichungen
$u' = u(1 - u) - auv$ und
$v' = v(1 - v)$ mit $a < 1$ und $b > 1$

Wir kommen nun zu den partiellen Differentialgleichungen (5.31)
zurück und suchen nach wellenartigen Lösungen. Diese *Wanderwellen-*
Lösungen sind von der Form $u(x, t) = f(s)$ und $v(x, t) = h(s)$, mit
$s = x - qt$ für $q > 0$. Die Funktionen $f$ und $h$ sind monoton in $s$ und verlaufen mit wachsender Zeit parallel zueinander in positiver $x$-Richtung
mit gleichbleibender Gestalt. Um zu sehen, wie dies zustandekommt,
nehmen wir an, daß $f$ beispielsweise die Form besitzt, wie sie in Bild
5.5 gezeigt ist.
Sie ist asymptotisch gleich 1 für $s \to -\infty$ und asymptotisch 0 für
$t \to \infty$. Für ein festes $x$ läuft $s = x - qt$ mit $t \to \infty$ gegen $-\infty$ und
man sieht leicht ein, daß sich $f(s)$ mit konstanter Geschwindigkeit $q$
nach rechts bewegt, dabei aber seine Form behält (Bild 5.6).

151

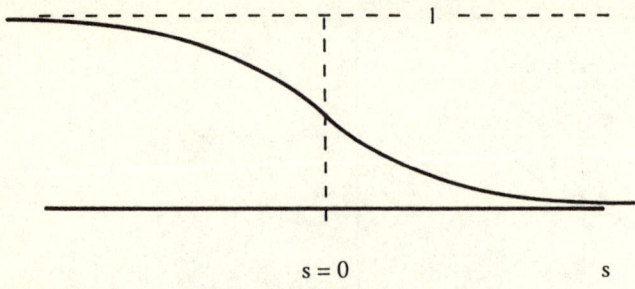

$s = 0$                  $s$

**Bild 5.5** Eine wellenartige Funktion $f(s)$

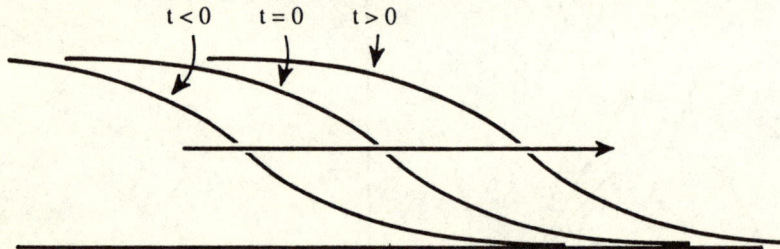

**Bild 5.6** Die Funktion $f(x - qt)$ für festes $x$ und $q$, betrachtet für $t \rightarrow +\infty$. Dies stellt Wanderwellen dar.

Für einen gegebenen Ort $x$ und eine Geschwindigkeit $q$ wächst $f(s)$ tatsächlich nur, wenn $s = x - qt$ nach links läuft, und das geschieht nur, wenn $t$ wächst. Das sind die Wanderwellen, die wir suchen.

Setzt man die Funktionen $f$ und $h$ in die Gleichungen (5.31) ein, so erhält man ein Paar von gewöhnlichen Differentialgleichungen in der einen Variablen $s$, in der wie in Kapitel 4 alle Ableitungen durch einen Strich geschrieben sind:

$$
\begin{aligned}
-qf' &= f'' + f(1 - f) - afh \\
-qh' &= h'' + h(1 - h) - bfh \, .
\end{aligned}
\tag{5.32}
$$

Da $a + b = 2$ ist, können beide Gleichungen zusammengezählt werden und man erhält eine einzige Gleichung in der Variablen $z(s) = f(s) + h(s)$, die – wie man leicht nachrechnet – die folgende Gleichung erfüllt:

$$
-qz' = z'' + z(1 - z) \, .
\tag{5.33}
$$

Diese Gleichung heißt *Fishersche Gleichung*, nach dem englischen Statistiker R. A. Fisher.

Wir suchen also nach Wanderwellen-Lösungen für die Gleichungen (5.32), um die räumliche Ausbreitung des grauen Eichhörnchens nachzuvollziehen, wenn es die roten aussticht. In der Vergangenheit besaßen die roten eine hohe Konzentration, die grauen eine niedrige, aber mit fortschreitender Zeit wird dieser Zustand an jedem Ort umgekehrt. Deshalb verlangen wir, daß $f(s) = 0$ und $h(s) = 1$ für $s = \infty$, während $f(s) = 1$ und $h(s) = 0$ für $s = -\infty$ gelten soll. Das bedeutet, daß für jedes feste $x$ die roten Eichhörnchen dominant sind für $t$ gegen minus Unendlich und genau das Gegenteil für die ferne Zukunft. Auf die Summe $z(s)$ überträgt sich dies dadurch, daß $z = 1$ für $\pm\infty$. Wir werden jetzt zeigen, daß daraus folgt, daß $z(s)$ sogar für alle Zeiten gleich Eins ist. Setzt man $f(s) = 1 - h(s)$ in Gleichung (5.32) ein, so erhält man

$$- qf' = f'' + f(1 - f - ah) = (1 - a)f(1 - f) + f'' \, , \quad (5.34)$$

was eine andere Form der Fisherschen Gleichung darstellt, diesmal mit den Bedingungen $f(-\infty) = 1$ und $f(+\infty) = 0$.

Die Gleichung zweiter Ordnung (5.34) kann umgeschrieben werden zu einem Paar von Gleichungen erster Ordnung in neuen Variablen $x_1 = f$ und $x_2 = f'$:

$$\begin{aligned} x_1' &= x_2 \\ x_2' &= -qx_2 - (1 - a)x_1(1 - x_1) \, , \end{aligned} \quad (5.35)$$

worin natürlich $a$ kleiner als Eins ist.

Die einzigen Gleichgewichtszustände der Gleichungen (5.35) liegen bei

$$\begin{pmatrix} x_1 \\ x_2 \end{pmatrix} = \begin{pmatrix} 0 \\ 0 \end{pmatrix} \quad \text{und} \quad \begin{pmatrix} 1 \\ 0 \end{pmatrix} \, ,$$

und mit einem Blick auf die Vorzeichen der Ableitungen können wir einiges von der Struktur der Lösungen aufdecken, genauso wie wir es in im letzten Kapitel gemacht haben. Beispielsweise gilt im ersten Quadranten der $x_1$-$x_2$-Ebene immer $x_1' = x_2 > 0$, während es im vierten Quadranten ($x_1 > 0$, $x_2 < 0$) immer negativ ist. Das zeigt uns bereits, daß die Trajektorien nach rechts (links) laufen in der oberen (unteren) Halbebene, die durch die horizontale Achse $x_2 = 0$ getrennt werden. Da auf dieser Achse $x_1' = 0$ ist (die $x_1 = 0$-Nulllinie), wird sie notwendigerweise senkrecht geschnitten. Deshalb kann eine Trajektorie, die vom Gleichgewichtszustand $(x_1 = 1, x_2 = 0)$ ausgeht, niemals mehr dorthin zurückkehren, da sie dazu in der unteren Halbebene nach links laufen müßte und dann in der oberen nach rechts zurückkehren müßte. Die Ableitung $x_2'$ ist aber für $x < 1$ immer negativ und damit laufen die Trajektorien hier nicht nur nach rechts, sondern mit abwärts gerichteter Steigung. Das schließt eine geschlossene Trajektorie aus, die in einem Gleichgewichtszustand beginnt und endet, ausgenommen natürlich den Gleichgewichtszustand selbst, der eine konstante Lösung für Gleichung (5.35) ist.

Wir sollten uns im klaren sein, daß jede Lösung, die von einem Gleichgewichtszustand ausgeht oder auf ihn zuläuft, diesen nicht tatsächlich erreichen kann, da das bedeuten würde, daß zwei verschiedene Lösungen am selben Punkt der Ebene beginnen, was wiederum eine Verletzung des Eindeutigkeitssatzes für die Lösungen von Differentialgleichungen ist (vgl. Abschnitt 4.2). Deshalb ist es für eine Lösung nur möglich, dem Gleichgewichtszustand $x = 1$ für $s \to \infty$ beliebig nahe zu kommen, oder in umgekehrter Flußrichtung für $s \to -\infty$ zum selben Punkt zurückzukommen. Stellt man sich $s$ als *Zeit* vor, ist diese Idee leichter zu erfassen.

Nach dieser kleinen Abschweifung kehren wir zurück zu Gleichung (5.33), die ja ein Spezialfall von Gleichung (5.34) ist, nämlich mit $a = 0$. Wir sehen jetzt ein, daß $z(s)$ konstant in $s$ sein muß, da es eine Lösung darstellt, die in einem Gleichgewichtszustand ($z = x_1 = 1, z' = x_2 = 0$) startet und endet.

Für die Gleichungen (5.35) unterstützt das soeben vorgebrachte Argument die Möglichkeit, daß eine Lösung von dem instabilen Gleichgewichtszustand bei $(x_1 = 1, x_2 = 0)$ ausgeht und dem Stabilitätspunkt im Ursprung zustrebt. Man kann auch ein formales Argument dafür angeben, und eine numerische Lösung der Gleichungen (5.35) zeigt eine solche Trajektorie (Bild 5.7).

Wir erhalten darin eine Wanderwellen-Lösung für die erste der Glei-

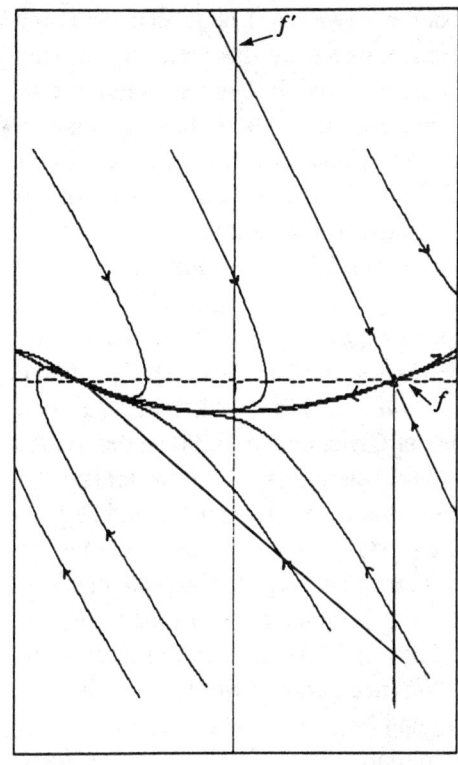

**Bild 5.7**
Trajektorien der Gleichung (5.34),
worin wir auch eine Trajektorie
sehen, die die beiden
Gleichgewichtszustände $f = 1$
und $f = 0$ mit $f' = 0$ verbindet.
Dies entspricht einer
Wanderwellen-Lösung in
Gleichung (5.32).

chungen (5.32) mit den gewünschten Eigenschaften, daß $f = x_1 = 1$ für $s = -\infty$ und $f = 0$ für $s = \infty$. Da die Lösung in der oberen Halbebene liegt, bedeutet das, daß $f' = x_2$ negativ ist und somit $f$ wie gefordert monoton fallend ist.

Wir schließen unsere Diskussion ab mit einer Abschätzung der minimalen Wellengeschwindigkeit $q$ und vergleichen sie dann mit der empirisch festgestellten Verbreitungsgeschwindigkeit des grauen Eichhörnchens.

Stellen wir uns vor, daß eine Gerade $L$ durch den Ursprung der $x_1$-$x_2$-Ebene mit negativer Steigung geht, also $-lx_2$ mit $l > 0$. Wenn wir zeigen können, daß alle Trajektorien diese Gerade einwärts schneiden (in Aufwärtsrichtung), dann kann keine Lösung, die von $f = 1$ nach

155

$f = 0$ in der $f$-$f'$-Ebene (also der $x_1$-$x_2$-Ebene) läuft, den Ursprung mit negativen Werten von $f$ erreichen, da sie auf das dreieckige Gebiet beschränkt wäre, das durch $x_2 = 0, x_1 = 1$ und die Gerade $L$ definiert ist. Solch ein Dreieck ist in Bild 5.7 eingezeichnet. Alle Trajektorien laufen in das Dreieck hinein, damit kann die spezielle Trajektorie, die bei $f = 1$ und $f' = 0$ beginnt, niemals negativ werden. Das ist bedeutend, da ein negatives $f$ eine negative Populationsdichte bedeutet, was biologisch unsinnig ist. Die Existenz von $L$ ist an den Wert von $q$ geknüpft, wie wir jetzt sehen werden.

Die Gerade $L$ hat die Koordinaten $(x_1, x_2) = x_1(1, -l)$ und die Senkrechte auf $L$ ist der Vektor $n$, den wir schreiben als $(l, 1)$. Das innere Produkt zwischen $n$ und $(1, -l)$ ist Null, weshalb $n$ senkrecht auf $L$ steht und nach rechts zeigt. Die Lösung der Gleichungen (5.35) ist der Vektor $x(s)$ mit den Komponenten $x_i(s)$. Die Ableitung nach $s$ ist $x'$ und besitzt die Komponenten $x_i'(s)$. $x'$ ist tangential an die Trajektorie und zeigt in Richtung des Flusses. Da das innere Produkt zweier Vektoren ein Maß für den Kosinus des Winkels zwischen ihnen ist, folgt daraus, daß jede Trajektorie, die $l$ schneidet, dies nach innen gerichtet tut, jedesmal, wenn das innere Produkt zwischen $n$ und $x'$ positiv ist, da sie sich um einen Winkel kleiner als $\pi/2$ unterscheiden. Was noch gezeigt werden muß, ist, daß das innere Produkt zwischen $(l, 1)$ und $(x_2, -qx_2 - (1 - a)x_1(1 - x_1))$ entlang $L$ positiv ist. Benutzt man, daß entlang $L$ $x_2 = lx_1$ ist, dann heißt das, daß $-l^2x_1 + qlx_1 - (1 - a)x_1(1 - x_1)$ positiv ist, oder nach Ausklammern von $x_1$ ergibt sich die Bedingung

$$l^2 - ql + (1 - a)(1 - x_1) \leq l^2 - ql + (1 - a) < 0 \; ;$$

dies ergibt die gewünschte Positivität (beachte, daß $0 \leq x_1 \leq 1$).

Die quadratische Form $l^2 - ql + (1 - a)$ ist positiv für $l = 0$, wenn $l$ genügend groß ist. Das heißt, die quadratische Form kann nur dann negativ sein, wenn sie zwei positive Nullstellen besitzt, die sich leicht berechnen lassen: $l = \frac{1}{2}q \pm \frac{1}{2}(q^2 - 4(1 - a))^{1/2}$, welche genau dann reell und positiv sind, wenn $q^2 \geq 4(1 - a)$. Damit gibt es eine kritische kleinste Geschwindigkeit

$$q \geq 2\sqrt{1 - a} \, , \tag{5.36}$$

falls wir eine Wanderwellen-Lösung bekommen wollen.

Setzen wir $h(s) = z(s) - f(s)$ in die zweite der Gleichungen (5.34) ein, dann erhalten wir eine andere Form für die Fishersche Gleichung, diesmal für die Funktion $h$:

$$- qh' = h'' - (b - 1)h(1 - h) \qquad (5.37)$$

mit $b > 1$. Die Bedingungen für $h$ sind $h(-\infty) = 0$ und $h(+\infty) = 1$. Eine ähnliche Untersuchung wie die, die wir eben für die Gleichungen (5.35) geführt haben, läßt sich auch für Gleichung (5.37) ausführen (Übung 5.7.4). Sie gibt uns eine minimale Geschwindigkeit $q$, die durch $q \geq 2(b - 1)^{1/2}$ gegeben ist. Da aber $a + b = 2$ ist, sind die minimalen Geschwindigkeiten für $f$ und $h$ gleich. Das graue Eichhörnchen breitet sich mit derselben Geschwindigkeit aus, wie das rote zurückgeht.

In einer Studie von Okubo und anderen (vgl. die Literaturhinweise in Abschnitt 5.8) wird die minimale Geschwindigkeit aus Beobachtungen zu etwa 7,7 Kilometern pro Jahr abgeschätzt. So schnell bricht das graue Eichhörnchen in Gebiete ein, die vom roten Eichhörnchen besetzt sind. Benutzt man die Abschätzungen der Geburtenrate und der Diffusionskonstante, die wir oben erwähnt haben, dann sagt das Modell eine Wellengeschwindigkeit von 7,66 Kilometern pro Jahr voraus.

## 5.7 Übungen

### 5.7.1

Betrachte eine Zufallsbewegung auf den natürlichen Zahlen $0, 1, \ldots, N$ mit den Übergangswahrscheinlichkeiten $p_{i,i+1} = p, p_{i,i-1} = q$, $p + q = 1$, $p_{0,0} = p_{N,N} = 1$ und $p_{i,j} = 0$ für alle anderen $i, j$. In der Terminologie von Kapitel 1 ist das eine Markoffkette über $N + 1$ Zuständen, wobei 0 und $N$ absorbierende Zustände sind. Sei $b_i$ die Wahrscheinlichkeit, jemals den Zustand $N$ zu erreichen, wenn der Prozeß im Zustand $i$ begonnen hat (das ist $b_{i,N}$ in der Notation von Kapitel 1).

Der Zustand $N$ kann von $i$ aus erreicht werden, indem man zuerst einen Schritt nach rechts oder links macht. Die bedingte Wahrscheinlichkeit bezüglich dieser beiden disjunkten Elemente ist

$$b_i = pb_{i+1} + qb_{i-1} \,.\tag{5.38}$$

Die Begründung dafür ist ähnlich zu jener, die wir benützt haben, um Gleichung (5.1) im Text herzuleiten. Jetzt ist aber $b_i = (p+q)b_i$, womit Gleichung (5.38) umgeschrieben werden kann zu

$$p(b_{i+1} - b_i) = q(b_i - b_{i-1}) \,.\tag{5.39}$$

Zeige mit Hilfe von $b_0 = 0$ und Gleichung (5.39), daß gilt:

$$b_i = b_1 \sum_{k=0}^{i-1} \left(\frac{q}{p}\right)^k \quad \text{für } i = 1, 2, \dots, N-1 \,.$$

Jetzt erinnern wir uns an die folgende Gleichung für die Teilsumme einer geometrischen Reihe für den Skalar $a$:

$$\sum_{k=0}^{r} a^k = \frac{1 - a^{r+1}}{1 - a}$$

für jede ganze Zahl $r > 0$. Zeige damit und mit $b_N = 1$, daß gilt:

$$b_i = \begin{cases} \dfrac{1 - (q/p)^i}{1 - (q/p)^N} & p \neq q \\[2mm] \dfrac{i}{N} & p = q \end{cases}$$

und vergleiche dieses Ergebnis mit Übung 1.5.4 für den Fall $N = 4$, was schon früher mit einem anderen Argument erhalten wurde.

**5.7.2** Gegeben sei eine glatte Funktion $u(x, y, t)$. Führe die Variablentransformation $x = r \cos \theta$, $y = r \sin \theta$ durch. Wenn $u$ nicht explizit von $\theta$ abhängt, dann ist $u(x, y, t) = v(r, t)$ für eine bestimmte Funktion $v$. Zeige mit Hilfe der Kettenregel für die Differentiation und den Bezeichnungen aus Abschnitt 5.4, daß $u_{xx} + u_{yy} = v_r/r + v_{rr}$.

**5.7.3** Nimm in Gleichung (5.31) an, daß $u$ und $v$ unabhängig von $x$ sind und ermittle damit ein Paar von gewöhnlichen Differentialgleichungen in der Unbekannten $t$. Diese haben drei Gleichgewichtszustände im ersten Quadranten der $u$-$v$-Ebene. Zeige mit der Nulllinien-Methode aus Abschnitt 4.2, daß zwei davon instabil sind, der dritte aber ein Attraktor ist.

**5.7.4** Bestimme die minimale Wellengeschwindigkeit der Wanderwellen-Lösung für Gleichung (5.37) mit einer ähnlichen Argumentation wie für die Gleichungen (5.34).

**5.7.5** In seiner einfachsten Form besteht das epidemische Modell aus Kapitel 4 aus zwei Gleichungen, eine für den Anteil $A$ der Ansteckbaren, eine für den Anteil $I$ der Infizierten (Gleichungen (4.16) und Übung 4.5.9). Eine dritte Gruppe, der Anteil $G$ der Genesenen, erhält man aus $A + I + G = 1$.

Dieses Modell können wir erweitern für die räumliche Verbreitung der Krankheit. Ein Beispiel dafür ist die Verbreitung der Tollwut durch infizierte Füchse, die sich zufällig in einer Population von gesunden und ansteckbaren Füchsen bewegen. Die nicht infizierten Tiere haben territoriale Instinkte, die sie mehr oder weniger am Ort festhalten, aber erkrankte Tiere verlieren offenkundig ihre Orientierung und wandern umher. Die Krankheit wird durch den Speichel angesteckter Füchse übertragen.

Die Gleichungen (4.16) modifizieren wir dadurch, daß wir $A$ und $I$ zu Funktionen sowohl der eindimensionalen Raumrichtung $x$ als auch der Zeit $t$ werden lassen, wobei sich die Diffusion auf die von Tollwut angesteckten Füchse beschränkt:

$$
\begin{aligned}
A_t &= -bAI \\
I_t &= bSI - cI + DI_{xx} \,,
\end{aligned}
\qquad (5.40)
$$

worin $D$ der Diffusionskoeffizient ist, der die Verbreitungsrate der kranken Tiere beschreibt. Die Kontaktrate ist wie vorher $b$, aber $c$ ist nun die Todesrate anstatt der Genesungsrate, da die Tollwut für die infizierten Tiere unausweichlich zum Tode führt.

Wir suchen Wanderwellen-Lösungen für die Gleichungen (5.40) in der Form $s(x,t) = f(z)$ und $I(x,t) = h(z)$, wobei $z = x - qt$ ist und $q > 0$ die Wellengeschwindigkeit. Wir schlagen vor, die Diskussion zu Wanderwellen im Abschnitt 5.6 nachzuvollziehen. In früher Vergangenheit hatte die Population der Ansteckbaren an jedem Punkt $x$ die gleiche konstante Dichte $S = 1$ (keine Infizierten sind bis jetzt aufgetaucht und es sind auch keine kranken Tiere gestorben). Ein Wellenpuls von mit Tollwut infizierten Füchsen läuft durch den Raum und reduziert den

Prozentsatz der gesunden Füchse auf einen Wert $A_m > 0$. Der Puls ist gleich Null in der frühen Vergangenheit und in ferner Zukunft (vgl. Bild 5.8).

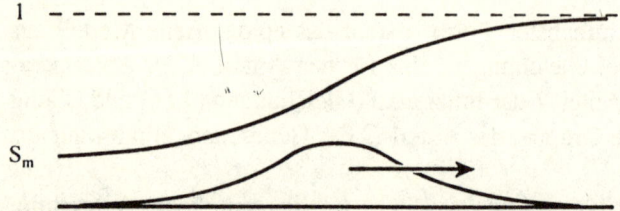

**Bild 5.8** Eine pulsförmige Welle von Infizierten läuft durch ein Gebiet, in dem es eine feste Zahl von ansteckbaren Tieren gibt.

Formuliere die richtigen Bedingungen an $f$ und $h$ bei $z = \pm\infty$, um diese Annahme auszudrücken.

Setze $f$ und $h$ in die Gleichungen (5.40) ein und zeige, daß

$$
\begin{aligned}
-qf' &= -bfh \\
-qh' &= bfh - ch + Dh'' \,.
\end{aligned}
\tag{5.41}
$$

An der vorderen Kante der fortlaufenden Pulswelle ist $A$ nahe bei Eins, wenn die Infizierten auf die bis dorthin nicht infizierten Füchse treffen, womit die zweite Gleichung (5.41) für die vorauslaufenden Kante vereinfacht werden kann zu

$$
h'' + yh' + (b - c)h = 0 \,,
$$

wobei $D$ zu Eins skaliert wurde, um die Bezeichnungen einfacher zu machen. Das ist eine lineare Differentialgleichung zweiter Ordnung. Zeige mit den Standard-Lösungstechniken für solche Gleichungen (siehe Anhang B), daß die Lösung proportional ist zu

$$
\exp\left\{ \left(-q \pm \sqrt{q^2 - 4(b - c)}\right) \frac{z}{2} \right\} \,.
$$

Für $q^2 < 4(b - c)$ ist die Lösung komplex und $h(z)$ wird um die $z$-Achse oszillieren und so abwechselnd positive und negative Werte annehmen. Wir müssen aber fordern, daß $h$ stets positiv bleibt, damit es eine biologisch sinnvolle Populationsdichte darstellen kann. Damit wird

$$q \geq 2\sqrt{b-c}$$

die minimale Wellengeschwindigkeit. Beachte, daß $c/b$ für eine positive Geschwindigkeit kleiner als Eins sein muß, was dieselbe Schwellenbedingung wie in Übung 4.5.9 ist. Obwohl obige Begründung auf einer Näherung aufbaut, würde uns auch eine sorgfältigere Argumentation nach Muster von Abschnitt 5.6 zum selben Ergebnis führen.

**5.7.6** Nimm in Abbildung 5.2 an, daß der Schadstoffzufluß in der Nähe der Konturlinie $C$ liegt. Leite eine zu den Gleichungen (5.26) analoge Gleichung für die Schadstoffkonzentration her.

**5.7.7** Vervollständige die Betrachtung der Gleichgewichtsgleichungen (5.29) wie im Text vorgeschlagen durch Reduzieren des Paares von Gleichungen zu einer einzigen inhomogenen Gleichung. Sie ergibt den gelösten Sauerstoffgehalt an jedem Punkt des Flusses. Es sollte sich ein Minimum in einigem Abstand von der Verschmutzungsquelle ergeben, nach dem die Konzentration dann langsam wieder aufgrund der Selbstreinigung des Flusses durch Sauerstoffaufnahme ansteigt. Die sich ergebende Kurve der Sauerstoffkonzentration als Funktion von $x$ nennt man die *Sauerstoffdefizitkurve*, die Gleichungen (5.29) sind auch als *Streeter-Phelps*-Gleichungen bekannt.

## 5.8  Weiterführende Literatur

Die immer wieder auftretenden Algenblüten sind einfach ein Zeichen dafür, wie Küstengewässer durch den Einfluß des Menschen belastet sind, und die Einsicht, daß unsere Gewässer immer schlechter werden, schafft immer mehr Aufmerksamkeit (z. B. *New York Times*, June 30, 1991 und *Washington Post*, Oct. 31, 1991).

Das Plankton-Modell folgt einer frühen Veröffentlichung über dieses Thema [32], während die Verbreitung der Eichhörnchen auf einer jüngeren Publikation beruht. Ein Überblick über Diffusionsmodelle für Algen, Insekten und höhere Tiere findet sich in dem ausgezeichneten Buch von

Okubo [34]. Wir empfehlen auch die gehaltvolle Abhandlung von Murray [35], die Diffusionsmodelle in der Beobachtung von Epidemien als auch eine Herleitung der Diffusiongleichung enthält.

Die Idee zur Schadstoffausbreitung folgt dem Artikel von Weyl [36], wenngleich unsere Argumentation sich im Detail beträchtlich davon unterscheidet.

# Kapitel 6
# Es ist alles nur ein Spiel

In dem packenden Film „U23 – Tödliche Tiefen"[1] spielt Clark Gable die Rolle eines U-Boot-Kommandanten im 2. Weltkrieg, der davon besessen ist, feindliche Abwehranlagen zu durchbrechen ohne entdeckt zu werden. In einer Episode liegt das U-Boot bewegungslos mit abgeschalteten Motoren in der Tiefe des Ozeans, um keinen Laut zum Gegner gelangen zu lassen, der die Position des Gefährts verraten könnte. Der Kapitän des schweren Zerstörers an der Oberfläche soll das U-Boot zerstören, und beide Kommandanten sind in ein tödliches Spiel von Flucht und Verfolgung verwickelt.

Ein anderes Beispiel, dessen ökonomischen Konsequenzen wohl ähnlich ernst sind, ist der Wettkampf zwischen zwei Personen oder Firmen um die Ausbeutung einer gemeinsamen Ressource. Um dies ins Blickfeld zu rücken, kehren wir zum Fischereiproblem aus Kapitel 4 zurück, bei dem der Zugang zu einer Fischerei nur zwei Teilnehmern offen ist, von denen jeder seinen eigenen Gewinn maximieren will, aber durch die Anwesenheit des jeweils anderen behindert ist. Das kann man sich auch als eine Art Spiel vorstellen.

Damit schließt sich in diesem Kapitel der Kreis von Ideen, die die Nutzung von Ressourcen und Wettbewerb betreffen, welchen wir schon früher in diesem Buch begonnen haben. Wir benützen sie dazu, einige elementare Rechentechniken in der Optimierung aufzuzeigen, die Gebrauch von der Analysis machen.

Im nächsten Abschnitt führen wir ein nützliches Lemma aus der Variationsrechnung ein, das wir dann in Abschnitt 6.3 dazu benützen, optimale Taktiken für U-Boote und ihre Verfolger zu ermitteln. Dann wird für das

---

[1]Titel des Amerikanischen Originals: "Run Silent, Run Deep".

Fischereiproblem eine optimale Strategie zwischen Wettbewerbern eingeführt, das dadurch einige neue Aspekte hinzugewinnt.

## 6.1  Ein Lemma aus der Variationsrechnung

Sei $f(x)$ eine reelle Funktionen einer Variablen $x$, die ein Maximum an einem Punkt $x_0$ in einem Intervall $a \leq x \leq b$ besitzt. Dann wissen wir aus der Analysis, daß $f'(x_0) = 0$ gilt, sofern $f$ im offenen Intervall $a < x < b$ differenzierbar ist und $x_0$ nicht auf dem Rand liegt. Wenn das Maximum aber auf dem Rand des Intervalls liegt – am Endpunkt $a$ z. B. – dann muß die Ableitung hier nicht mehr unbedingt verschwinden (Bild 6.1).

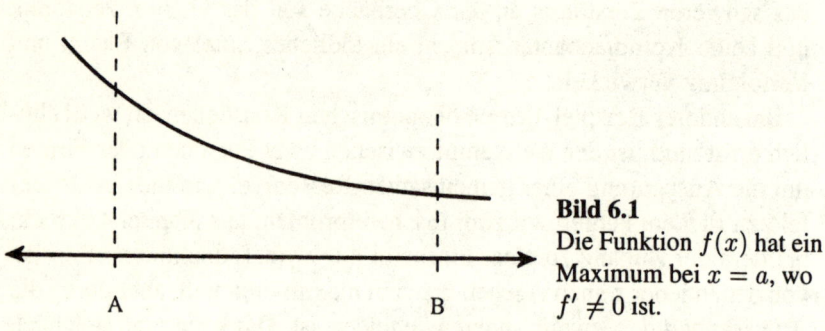

A                                    B

**Bild 6.1**
Die Funktion $f(x)$ hat ein Maximum bei $x = a$, wo $f' \neq 0$ ist.

Es ist $f(a + h) - f(a) < 0$ für ein genügend klein gewähltes positives $h$. Teilt man also diese Differenz durch $h$ und bildet den einseitigen Grenzwert $f'_+(a)$ für $h \to 0$ von der positiven Seite her, dann folgt die Ungleichung $f'_+(a) \leq 0$. Ist $f$ aber im Punkt $a$ differenzierbar, so kann man auch den Grenzwert $h \to 0$ von der negativen Seite her bilden und in diesem Fall ist dann $f'(a) = f'_-(a) = f'_+(a) \leq 0$.

Nach der Motivation durch dieses einfache Beispiel betrachten wir nun eine stetig differenzierbare Funktion $f$ einer anderen Funktion $y(x)$, wobei $y$ über dem Intervall $a \leq x \leq b$ definiert ist. Angenommen, das Integral

$$\int\limits_a^b f(x, y(x))\ \mathrm{d}x \qquad (6.1)$$

nimmt für eine bestimmte Funktion $y_0(x)$ ein Maximum unter allen stetig differenzierbaren und nichtnegativen Funktionen $y(x)$ an, die alle jeweils dieselben Werte $y(a)$ und $y(b)$ besitzen. Wir wollen eine zur Ableitungsbedingung im skalaren Fall analoge Bedingung an $f$ finden, die im Maximum gilt. Genauso, wie wir vorher die Größe $f(a+h)$ für nichtnegative Skalare $h$ betrachtet haben, schreiben wir jetzt $f(x, y_0(x) + \epsilon h(x))$ für $\epsilon \geq 0$. Wir sagen, daß eine stetig differenzierbare Funktion eine *zulässige Variation* ist, wenn $h(a) = h(b) = 0$ ist und die Funktion $y_0 + \epsilon h$ für alle $x$ im Intervall nichtnegativ ist, wenn nur $\epsilon$ klein genug ist. Insbesondere verlangen wir, daß $h$ nichtnegativ sein soll für alle $x$, an denen $y_0(x)$ verschwindet (Bild 6.2).

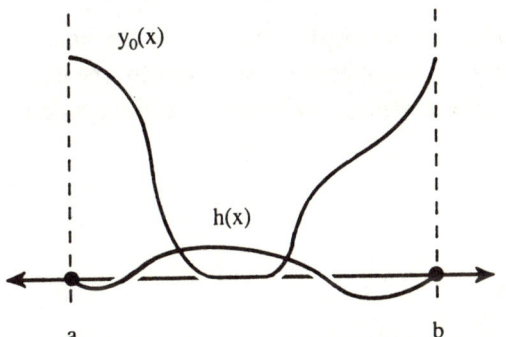

**Bild 6.2**
Eine zulässige Variation $h(x)$

Das folgende Lemma wird im nachfolgenden Abschnitt nützlich sein.

**Lemma 6.1** *Die Funktion $y_0$ bilde ein Maximum für das Integral (6.1) unter allen stetig differenzierbaren nichtnegativen Funktionen $y$, die alle denselben Wert bei $a$ und bei $b$ besitzen. Dann ist*

$$
\begin{aligned}
f_y &= 0 \text{ für alle } x \text{ mit } y_0(x) > 0 \\
f_y &\leq 0 \text{ für alle } x \text{ mit } y_0(x) = 0 \,.
\end{aligned} \qquad (6.2)
$$

*Der untere Index $y$ bezeichnet die Ableitung von $f$ bezüglich $y$.*

*Beweis.* Wähle eine zulässige Variation $h$ und schreibe

$$F(\epsilon) = \int_a^b f(x, y_0(x) + \epsilon h(x)) \, \mathrm{d}x \ .$$

Die Funktion $F$ ist reell und differenzierbar in $\epsilon$ und nimmt bei $\epsilon = 0$ ihr Maximum an. Bildet man die Ableitung von $F$ unter dem Integralzeichen, dann sagt uns die vorangegangene Diskussion, daß $F'(0) \leq 0$. Es gilt aber

$$F'(\epsilon) = \int_a^b f_y(x, y_0(x) + \epsilon h(x)) h(x) \, \mathrm{d}x$$

und damit

$$f_y(x, y_0(x)) h(x) \, \mathrm{d}x \leq 0 \ . \tag{6.3}$$

Sei $y_0(x)$ an einer Stelle $x$ im Intervall positiv. Dann ist es dies auch in einem ganzen offenen Intervall $I$ um $x$ herum. Ist $f_y$ positiv (negativ) bei $x$, dann wähle $h$ ebenfalls positiv (negativ) auf $I$ und Null sonst (Bild 6.3).

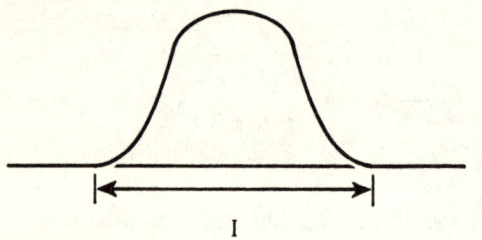

**Bild 6.3**
Eine glatte Funktion $h(x)$, die außerhalb $I$ gleich Null ist.

In beiden Fällen ist das Integral in Gleichung (6.3) positiv. Dieser Widerspruch zeigt, daß $f_y$ in $x$ verschwinden muß. Ist auf der anderen Seite $y_0 = 0$ in $x$, dann muß für ein positiv gewähltes $h$ die Funktion $f_y$ nichtnegativ auf $I$ gewählt werden, um einen Widerspruch zu Gleichung (6.3) zu vermeiden. Das beendet den Beweis. □

## 6.2 Versteck spielen

Ein U-Boot verstecke sich irgendwo innerhalb eines Gebietes $G$ des Ozeans, während seine Gegner die Oberfläche von $G$ mit Schiff oder Flugzeug auf zufällige Weise absuchen. Für die Einfachheit der Darstellung wählen wir $G$ als ein Intervall der reellen $x$-Achse.

Die zufälligen Bewegungen der Suchenden sollen den Kommandanten des U-Boots überraschen, der sonst den Kurs der gegnerischen Streitkräfte vorhersagen könnte und somit sein Gefährt so positionieren könnte, daß es praktisch nicht entdeckt werden kann. Die Wahrscheinlichkeit, entweder mit bloßem Auge oder durch eine Kombination von Radar und Sonar entdeckt zu werden, hängt vom Abstand zwischen den Suchenden und ihrem Ziel ab. Der Suchaufwand in Stunden oder Kilometern pro Sucheinheit, der zur Suche eines bestimmten Ziels aufgebracht werden muß, besitzt eine Wahrscheinlichkeitsdichte $g(x)$, die die Frequenz beschreibt, mit der eine zufällig operierende Sucheinheit den Punkt $x$ überstreicht. Liegt das Ziel tatsächlich in $x$, dann ist die bedingte Wahrscheinlichkeit einer Entdeckung gleich $1 - e^{g(x)}$. Dieses Ergebnis wird plausibel, wenn man an eine diskrete Suche denkt, die aus $n$ Einzelbeobachtungen besteht; bei jeder ist die Wahrscheinlichkeit, das U-Boot zu entdecken, gleich $g$. Dann ist die Wahrscheinlichkeit, daß das Ziel der Entdeckung entkommt, wegen der vorausgesetzten Unabhängigkeit gleich $(1 - g)^n$, und damit ist die Wahrscheinlichkeit, gefunden zu werden, gleich Eins minus dieser Größe. Wie wir aus der Analysis wissen, kann diese Größe für großes $n$ durch eine Exponentialfunktion angenähert werden: $1 - (1 - g)^n \approx 1 - e^{-ng}$. Da wir uns hier mit einer Folge von Bernoulli-Experimenten befassen (Entdeckung oder Nichtentdeckung), ist die Größe $ng$ der Mittelwert von günstigen Ausgängen in $n$ Versuchen. Im Falle einer kontinuierlichen Suche, bei der die Beobachtungen nicht mehr diskret sind, wird $ng$ durch den Durchschnittswert der Beobachtungen pro Zeiteinheit an der Position $x$ ersetzt. Wir nehmen an, daß er proportional zum Aufwand $g(x)$ ist. Da die Sichtbedingungen von Ort zu Ort aufgrund von Änderungen des Tageslichts, Tiefe, Nebel, Hindernissen oder anderen Einflüssen schwanken, multiplizieren wir $g$ mit einem Faktor $a(x)$ zwischen Null und Eins, um die Effektivität der

Suche an der Position $x$ zu beschreiben. Die bedingte Wahrscheinlichkeit einer Entdeckung wird damit zu $1 - e^{a(x)g(x)}$ und damit wird die unbedingte Wahrscheinlichkeit, das versteckte U-Boot im Gebiet $G$ zu finden, zu

$$P = \int_G p(x) \left(1 - e^{-a(x)g(x)}\right) \, dx \ . \qquad (6.4)$$

Dabei ist $p(x)$ die Wahrscheinlichkeitsdichte dafür, daß das Ziel sich in $x$ befindet. Die Wahl von $p$ liegt beim Kommandanten des U-Bootes, der die Verteilung so auswählt, daß $P$ minimal wird. Der Integrand in Gleichung (6.4) drückt ein *Gesetz des verminderten Gewinns* aus, bei dem die Verdopplung des Einsatzes nur zu weniger als einer Verdopplung von $P$ führt, auch wenn $a(x)$ überall gleich Eins wäre.

Die Suchmannschaften wollen auf der anderen Seite natürlich $P$ maximal machen, unter der Voraussetzung, daß die Kosten dafür nicht exorbitant sind. Die Größe $b(x)$ repräsentiere die Kosten pro Einsatzeinheit unter Berücksichtigung der Schwierigkeiten und der Gefahr, der sie ausgesetzt sind. Die Gesamtkosten über $G$ ist dann

$$C = \int_G b(x)g(x) \, dx \ , \qquad (6.5)$$

und die Suchenden wollen Gleichung (6.1) maximieren und gleichzeitig ein Vielfaches $r$ von Gleichung (6.5) minimieren. Ein großes $r$ bedeutet, daß ein relativ hohes Kostenbewußtsein herrscht, während ein kleines $r$ bedeutet, daß die Kosten relativ irrelevant sind, wenn man nur das gesuchte Ziel findet. Das Minimum von $C$ ist aber gleich dem Maximum von $-C$, was man durch kurzes Nachdenken bestätigt, damit wollen die Suchenden eine gewichtete Summe $P - rC$ maximieren.

Die Suchenden müssen $g$ wählen, während ihr Gegner die Möglichkeit hat, $p$ zu wählen, und beide tun dies auf optimale Weise. Wir wollen jetzt aufzeigen, wie zwei Spieler über ihre Strategien entscheiden.

Wir beginnen damit, $P - rC$ zu maximieren, indem wir eine glatte Funktion $g$ wählen. Natürlich muß $g$ nichtnegativ sein, und damit ist Lemma 6.1 anwendbar, in dem die Funktion $f$ jetzt ersetzt wird durch

$$p(x) \left(1 - e^{-a(x)g(x)}\right) - rb(x)g(x) \ ;$$

$g$ spielt die Rolle von $y$. Die Gleichungen (6.2) ergeben die Regel

$$
\begin{aligned}
a(x)p(x)\,\mathrm{e}^{-a(x)g(x)} - rb(x) &= 0 \quad \text{für } g(x) > 0 \\
a(x)p(x) - rb(x) &\leq 0 \quad \text{für } g(x) = 0
\end{aligned}
\tag{6.6}
$$

Wenn wir nun $rb(x)/a(x)$ mit $c(x)$ abkürzen, wird aus Gleichung (6.6) nach ein bißchen algebraischer Jongliererei

$$
\begin{aligned}
g(x) &= 0 && \text{für } p(x) \leq c(x) \\
g(x) &= \frac{\ln p(x) - \ln c(x)}{a(x)} && \text{für } p(x) > c(x)\,,
\end{aligned}
\tag{6.7}
$$

wobei ln den natürlichen Logarithmus bezeichnet. Dies liefert die optimale Wahl von $g$ in Abhängigkeit einer Wahl von $p$.

Der Kommandant des U-Boots möchte $P$ minimieren oder $1 - P$ maximieren. Es gilt nun

$$
1 - P = \int\limits_{G} p(x)\,\mathrm{e}^{-a(x)g(x)}\,\mathrm{d}x\,,
\tag{6.8}
$$

da das Integral über $G$ von $p(x)$ gleich Eins ist ($p$ ist eine Wahrscheinlichkeitsdichte!). Mit Regel (6.7) ist nun leicht nachzuweisen, daß

$$
1 - P \leq \int\limits_{G} c(x)\,\mathrm{d}x
\tag{6.9}
$$

und auch, wenn $h$ für jedes $x$ durch $h(x) = \min(p(x), c(x))$ definiert ist:

$$
1 - P = \int\limits_{G} h(x)\,\mathrm{d}x
\tag{6.10}
$$

(Übung 6.6.2 und Bild 6.4).

Damit folgt, daß $1 - P$ niemals einen Wert annehmen kann, der größer ist als entweder $c(x)$ oder $p(x)$, je nachdem, welche Funktion kleiner ist. Damit ist die optimale Strategie für das U-Boot klar. Es muß $p(x)$ so wählen, daß die Fläche unter der Kurve $h(x)$ möglichst groß wird. Wenn das Integral der Kurve $c(x)$ über $G$ kleiner als Eins ist, dann genügt es, $p(x)$ überall größer als $c(x)$ zu wählen, wodurch $1 - P$ seinen größten

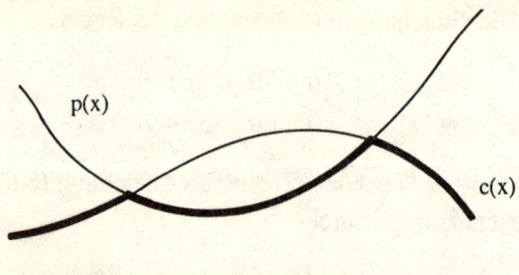

p(x)

c(x)

**Bild 6.4**  Das Minimum der Funktionen $p(x)$ und $c(x)$ ist dicker gezeichnet

Wert annimmt, nämlich das Integral über $c(x)$. Ist auf der anderen Seite das Integral größer als Eins, dann erhält man das Optimum, indem man überall $p(x)$ kleiner sein läßt als $c(x)$, da dies für $1 - P$ einen maximalen Wert von Eins gibt. Damit kann das U-Boot durch richtige Wahl von $p$ eine minimale Entdeckungswahrscheinlichkeit vorgeben, ganz egal wie die Suchenden $g$ wählen.

Die Funktionen $a$ und $b$ sind durch äußere Faktoren bestimmt und können von keiner Seite beeinflußt werden. Damit ist der Wert von $c(x)$ ausschließlich durch die Konstante $r$ festgelegt. Die Entscheidung, wie groß oder klein $c$ in Gleichung (6.7) wird, hängt nur davon ab, wie groß oder klein $r$ ist. Beachte, daß ein großes $r$ bedeutet, daß die Wahrscheinlichkeit einer Entdeckung hinter den Kosten zurückstehen muß, während bei kleinem $r$ die Entdeckung wichtiger ist als die Kosten.

Wir können nun die optimale Taktik von beiden Seiten in Abhängigkeit von $r$ angeben. Wenn $r$ klein ist:

$$g(x) \;=\; \ln \frac{p(x)/c(x)}{a(x)}$$

$$p(x) \;=\; \text{jede beliebige Kurve unterhalb von } c(x),$$

und wenn $r$ groß ist:

$$g(x) \;=\; 0$$

$$p(x) \;=\; \text{jede beliebige Kurve oberhalb von } c(x).$$

Aber wie klein ist *klein*? Die Frage wird in Übung 6.6.3 beantwortet.

Aus dieser Diskussion wird klar: Wenn die Suchkosten in einem Gebiet hoch sind, dann sollte dort nur wenig Aufwand betrieben werden. Außerdem sind sie niemals proportional zur Wahrscheinlichkeit, das Ziel zu finden. Man beachte auch, daß die optimale Strategie für beide Konfliktparteien unter der Voraussetzung ausgewählt wurde, daß die jeweils andere Seite ihre Strategie vollkommen frei wählen kann. Der pessimistische Spieler wird annehmen, daß sein Gegner jeweils $g$ bzw. $p$ so wählen wird, daß er die Pläne des anderen durchkreuzen kann. Das führt dann dazu, daß beide Seiten ihre Strategien so wählen werden, daß sie ihren vermeintlichen Gewinn möglichst klein halten.

## 6.3 Eine Fischerei mit beschränktem Zugang

Wir kehren jetzt zum Modell der Fischerei aus Abschnitt 4.4 zurück und stellen einige neue Fragen. Die Fanggründe bieten verschiede Arten, die einem Wachstumsgesetz folgen, das wir anstelle der oben angenommenen Form als logistisch annehmen. Wenn wie gewöhnlich $x$ die Fischdichte und $E$ den Fangeinsatz bezeichnen, dann erfüllt $x$ die Differentialgleichung

$$ x' = f(x) - \nu E x = r x \left( 1 - \frac{x}{K} \right) - \nu E x \, , \qquad (6.11) $$

und der Ertrag aus dem Fischfang ist

$$ E(\nu p x - c) \, . \qquad (6.12) $$

Alle Terme haben dieselbe Bedeutung wie vorher. (Wie raten dem Leser eindringlich, sich vor dem Weiterlesen wieder mit Abschnitt 4.4 vertraut zu machen).

Gleichung (6.11) besitzt einen Gleichgewichtszustand für jeden festen Wert von $E$, den wir durch den Schnitt der Kurve $f(x) = rx(1 - x/K)$ mit der Geraden $x = K/2$ erhalten (Bild 6.5). Der Schnittpunkt ist ein Attraktor. Die Gesamteinnahmen sind gegeben durch die Größe $\nu E x$, somit sind die maximalen Einnahmen bei $x = K/2$ zu erreichen, wo $f(x)$ am größten ist. Wenn das Gleichgewicht bei $x^* = c/(\nu p)$ liegt und

dies kleiner als $K/2$ ist, dann sind die Einnahmen auch geringer, wie in
Bild 6.5 gezeigt.

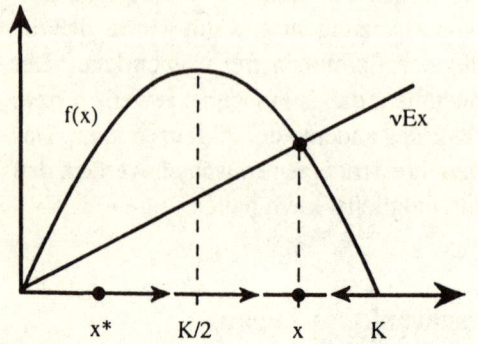

**Bild 6.5**
Das logistische
Wachstumsgesetz $f(x)$
geschnitten mit der
Geraden mit Steigung
$vE$. Der Schnittpunkt
entspricht einem
Attraktor und die
Nettoeinnahme aus dem
Fang ist der Wert von $f$
beim Attraktor.

In einer Fischerei mit freiem Zugang rafft jeder der Teilnehmer an
sich, was er vom Fang bekommt und beutet ihn damit bis zum letzten
aus, da er sonst den anderen einen größeren Teil des Fangs überlassen
würde, wie wir schon früher erläutert haben. Investitionen in Boote und
Fanggeschirr sind praktisch irreversibel, was den Anreiz dazu gibt, den
Fischfang so lange zu betreiben, bis der Nettoerlös auf Null gebracht ist.
Bezeichnet man diesen Erlös mit $R(E)$, dann sehen wir aus Gleichung
(6.12), daß $R(E) = 0$ genau bei $x = x^*$ ist.

Wir wollen nun die Situation betrachten, bei der die Fischerei einem
einzelnen Besitzer gehört, eine Firma oder eine öffentliche Institution. Im
Gegensatz zur gewissenlosen Ausbeutung, die im Fall des allgemeinen
Zugangs betrieben wird, könnte mit einer feinfühligen Fangpolitik bei
Abwesenheit der Konkurrenz der Ertrag $R$ maximiert werden. Anstatt zu
versuchen, $R$ auf Null herunterzubringen, könnte es vorausschauender
sein, den Fischereiaufwand zu beschränken, so daß ein positives Netto-
einkommen über einen begrenzten Zeithorizont hinaus gesichert werden
kann. Das Ziel eines einzelnen Besitzers ist damit, das Integral $J(E)$ zu
maximieren, das definiert ist durch

$$J(E) = \int\limits_0^\infty \mathrm{e}^{-\delta t}\, R(E(t))\ \mathrm{d}t = \int\limits_0^\infty \mathrm{e}^{-\delta t}\, E(\nu p x - c)\ \mathrm{d}t\ , \qquad (6.13)$$

172

indem $E$ als passende Zeitfunktion gewählt wird. Der Faktor $\mathrm{e}^{-\delta t}$ wurde eingeführt, um zu berücksichtigen, daß ein zukünftiger Gewinn um einen exponentiellen Beitrag weniger wert ist als ein gegenwärtiger. Die Konstante $\delta$ heißt *Diskontfaktor*.

Das Maximum von Gleichung (6.13) erlaubt eine einfache Lösung. Nehmen wir zuerst an, daß der Fischereiaufwand $E$ auf einen Maximalwert $E_m$ beschränkt ist, der einer Maximalgröße der Flotte oder der Gesamtmenge an einsetzbarem Fanggeschirr entspricht: $0 \le E \le E_m$. Aus Gleichung (6.11) sehen wir, daß $E = f(x)/(\nu x) - x'$ ist, womit Gleichung (6.13) umgeschrieben werden kann zu

$$\int\limits_0^\infty \mathrm{e}^{-\delta t} \left( p - \frac{c}{\nu x} \right) f(x)\, \mathrm{d}t - \int\limits_0^\infty \mathrm{e}^{-\delta t} \left( p - \frac{c}{\nu x} \right) x'\, \mathrm{d}t \ . \qquad (6.14)$$

Nun definieren wir die Größe $Z(x)$ durch das Integral

$$Z(x) = \int\limits_{x^*}^x \left( p - \frac{c}{\nu u} \right)\, \mathrm{d}u\ .$$

Mittels partieller Integration kann das zweite Integral in Gleichung (6.14) ausgedrückt werden als

$$Z(x(0)) + \int\limits_0^\infty \mathrm{e}^{-\delta t}\, Z(x(t))\, \mathrm{d}t\ ,$$

wobei $x(0)$ der Anfangswert von $x$ ist, den wir als gößer als $x^*$ voraussetzen. Tatsächlich wird $x(t)$ nur Werte zwischen $K$, der maximalen Populationsdichte, und $x^*$ annehmen, ab wo sich die Fortsetzung der Fischerei nicht mehr lohnt.

Der Ausdruck für $J(E)$ ist nun

$$J(E) = \int\limits_0^\infty \mathrm{e}^{-\delta t} \left( (p - \frac{c}{\nu x})f(x) - \delta Z(x) \right)\, \mathrm{d}t\ . \qquad (6.15)$$

Die Funktion $F(x) = (p - c/(\nu x))f(x) - \delta Z(x)$, die im Integranden steht, hat ein eindeutiges positives Maximum $\hat{x}$ irgendwo im Intervall zwischen $x^*$ und $K$. Um dies einzusehen, beachten wir zuerst, daß für jeden Einsatz $E$ im Gleichgewichtszustand $x$ von Gleichung (6.11) gilt: $\nu Ex = f(x)$. Setzt man also $q(x) = f(x)(p - c/(\nu x))$, dann folgt $q(x) = E(\nu px - c)$, was dem Nettoertrag entspricht, der mit dem Gleichgewichtswert von $x$ verbunden ist. Steigt dann $x$ von $x^*$ aus an, dann steigt der Ertrag bis zu einem Maximum bei einem Wert $x_0$ und fällt danach wieder ab. Daraus folgt, daß $q'(x)$ monoton fällt und die $x$-Achse bei $x_0$ schneidet. Um das Maximum von $F(x)$ zu finden, setzen wir $F'$ gleich Null und erhalten die Gleichung $q'(x) = \delta(p - c/(\nu x))$. Die Kurven $q'$ und $\delta(p - c/(\nu x))$ schneiden sich bei einem Wert $\hat{x}$, der zwischen $x^*$ und $x_0$ liegt (Bild 6.6).

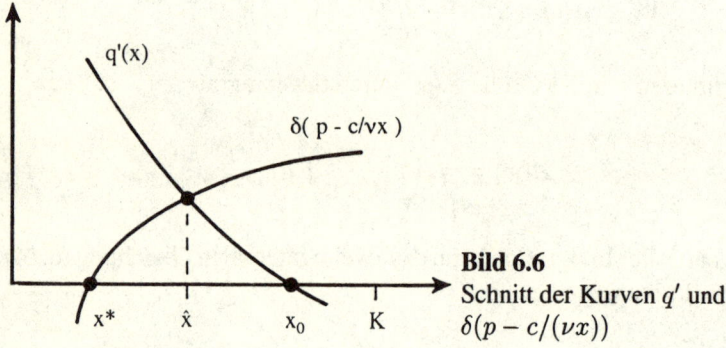

**Bild 6.6**
Schnitt der Kurven $q'$ und
$\delta(p - c/(\nu x))$

Beachte, daß mit $\delta$ gegen Unendlich $\hat{x}$ gegen $x^*$ strebt. Dies entspricht unserer Vermutung, da $\delta = \infty$ bedeutet, daß ein zukünftiger Fang völlig hinter einen jetzt zu machenden Gewinn zurücksteht. Dies ist die vorherrschende Haltung in einer Fischerei mit freiem Zugang, bei der, wie wir gesehen haben, der Ertrag gegen Null geht und das Niveau der Biomasse auf den Wert $x^*$ reduziert wird.

Da $J(E)$ maximiert werden muß, ist es klar, daß $x(t)$ so gewählt werden muß, daß es $\hat{x}$ vom Startpunkt $x(0)$ so schnell wie möglich erreicht und dort für alle folgenden Zeiten verharrt. Das gilt, weil $e^{-\delta t}$ eine fallende Funktion von $t$ ist. Falls $x$ ursprünglich größer (kleiner) als $\hat{x}$ ist, dann sollte offenbar $x'$ so gewählt werden, daß es einen möglichst großen negativen (positiven) Wert annimmt. Damit folgt für die optimale Fangpolitik eines einzigen Besitzers

174

$$E(t) = \begin{cases} E_m & \text{falls } x(t) > \hat{x} \\ 0 & \text{falls } x(t) < \hat{x} \\ \dfrac{f(x)}{\nu x} & \text{falls } x(t) = \hat{x} \ . \end{cases} \qquad (6.16)$$

Wir nehmen nun an, daß die Fischerei durch die Auflage von Steuern oder Gebühren, welche auch den Eintritt beschränken mögen, auf eine endliche Anzahl von Personen oder Firmen begrenzt ist. Der Einfachheit halber betrachten wir den Fall von nur zwei Besitzern, die miteinander um die Ausbeutung der Fischerei wetteifern. Beide unterscheiden sich in den Werten $E$, $p$, $c$ und $\nu$; wir deuten dies durch den Index $i = 1, 2$ an, um sie zu unterscheiden. Die zugrundeliegende Ratengleichung wird jetzt zu

$$x' = f(x) - \nu_1 E_1 x - \nu_2 E_2 x \ , \qquad (6.17)$$

da beide Besitzer dieselben Wellen pflügen und die Fischmasse durch ihre gemeinsamen Bemühungen reduziert wird. Der langfristige Ertrag, den beide Besitzer erzielen, ist damit eine Funktion von beiden Fangraten, und in Analogie zu Gleichung (6.13) schreiben wir

$$J_i(E_i) = \int_0^\infty e^{-\delta t} (\nu_i p_i x - c_i) E_i \, \mathrm{d}t \ . \qquad (6.18)$$

Wenn jeder Besitzer alleine ohne Konkurrenz des anderen arbeitete, dann würde jeder eine optimale Fangquote $\hat{x}_i$, $i = 1, 2$ erreichen, wie oben erklärt. Aber in der Realität müssen sie ein Wettbewerbsgleichgewicht suchen, das einen Kompromiß zwischen den beiden ididuellen Zielen der Maximierung von Gleichung (6.18) bildet. Ein Paar von $E_i^\#$ wird als optimal angesehen, wenn für alle zulässigen $E_i$, mit $0 \le E_i \le \bar{E}_i$ gilt:

$$\begin{aligned} J_1(E_1^\#, E_2^\#) &\ge J_1(E_1, E_2^\#) \\ J_2(E_1^\#, E_2^\#) &\ge J_2(E_1^\#, E_2) \ . \end{aligned} \qquad (6.19)$$

Ändert z. B. Eigentümer 1 seine Strategie einseitig, während Eigentümer 2 an seiner festhält, dann bleibt $J_1$ entweder gleich oder nimmt sogar ab.

Sei $x^* = c_i/(\nu_i p_i)$. Besitzer 1 ist dann erfolgreicher als Besitzer 2, wenn $x_1^* < x_2^*$. Das bedeutet, daß Besitzer 1 bei geringeren Kosten arbeitet oder höhere Preise für seinen Fang bekommt oder daß er mit besserer Technik ausgerüstet ist. In diesem Fall ist das Wettbewerbsgleichgewicht gegeben durch die Regeln ($\eta = \min(\hat{x}_1, x_2^*)$):

$$E_1^\#(t) = \begin{cases} \bar{E}_1 & \text{falls } x(t) > \eta \\ 0 & \text{falls } x(t) < \eta \\ \dfrac{f(x)}{\nu_1 x} & \text{falls } x(t) = \eta \end{cases} \qquad (6.20)$$

$$E_2^\#(t) = \begin{cases} \bar{E}_2 & \text{für } x(t) \geq x_2^* \\ 0 & \text{für } x(t) < x_2^* \end{cases} . \qquad (6.21)$$

Wir wollen nun die Richtigkeit der Gleichungen (6.20) aufzeigen. Die andere Regel (6.21) wird in analoge Weise gerechtfertigt (Übung 6.6.5). Zuerst definieren wir $f_1(x)$ durch

$$f_1(x) = \begin{cases} f(x) - \nu_2 E_2 x & \text{für } x \geq x_2^* \\ f(x) & \text{für } x < x_2^* \end{cases} .$$

Ist $\bar{E}_2$ groß genug, dann ist $f_1$ negativ für $x \geq x_2^*$. Angenommen, (6.21) gilt. Dann wird aus Gleichung (6.17)

$$x' = f_1(x) - \nu_1 E_1 x .$$

Analog zur obigen Definition von $F(x)$ sei nun

$$F_1(x) = \left( p_1 - \frac{c_1}{\nu_1 x} \right) f_1(x) - Z_1(x) ,$$

worin $Z_1$ dasselbe Integral ist wie $Z$, außer daß die untere Grenze jetzt $x_1^*$ ist. Es gilt immer $\hat{x}_1 > x_1^*$. Außerdem zeigt uns Bild 6.7, daß wegen $x_1^* < x_2^*$ die Funktion $F_1$ maximal wird, wenn man $x$ gleich dem kleineren von $\hat{x}_1$ und $x_2^*$ wählt, da $F_1(x)$ sofort nach dem Erreichen von $x_2^*$ negativ wird. Man kommt zur Gestalt von $F_1$ in diesem Bild mit derselben Überlegung, die auch früher für $F$ galt.

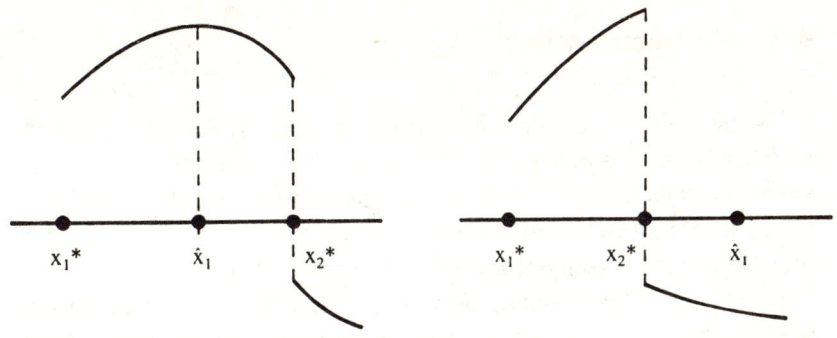

**Bild 6.7** Das Maximum der Funktion $F_1$ in zwei Fällen

Wir schließen daraus, daß $J_1(E_1, E_2^\#)$ durch Regel (6.20) maximiert wird, da ja $J(E)$ für einen einzelnen Besitzer schon in den Gleichungen (6.16) maximiert wurde. Die Interpretation dieses Ergebnisses ist, daß wenn Besitzer 1 effizienter arbeitet, er Besitzer 2 aus dem Wettbewerb treibt; $x$ ist nämlich schnell auf einen Wert gebracht, bei dem der Nettoerlös verschwindet. Da $\eta > x_1^*$ ist, ist der Ertrag, den Besitzer 1 erhält, immer noch positiv. Wenn $\hat{x}_1 > x_2^*$ ist, dann vertreibt Besitzer 1 seinen Konkurrenten, indem er intensiver fischt als wenn die Gleichung umgekehrt wäre. Folglich muß der erste Besitzer hart daran arbeiten, seinen Konkurrenten an der Rückkehr zu hindern. Schließlich sind im Fall $x_1^* = x_2^*$ die Erträge von beiden Parteien auf Null zurückgegangen und die Situation ist keinen Deut besser als in einer Fischerei mit offenem Zugang.

Zusammenfassend sehen wir also, daß der beschränkte Zugang kein besonders gutes Mittel zur Sicherung der Fischbestände ist. Denn der intensive Wettbewerb zwischen den Wettbewerbern bewirkt, daß die Fischbestände so weit reduziert werden, wie es nötig ist, um die weniger effizienten Wettbewerber aus dem Rennen zu werfen. Das kann wieder einmal als eine Form des ausschließenden Wettbewerbs angesehen werden, den wir in Kapitel 4 erstmals gefunden haben. Offenkundig ist eine andere Art von Kontrolle, wie Fangquoten oder Steuern auf den Fang, notwendig für einen effektiven Schutz.

## 6.4   Ein Kommentar

Es ist interessant, die optimalen Strategien der verschiedenen Teilnehmer der beiden vorangegangen Abschnitte zu vergleichen. Wir wollen uns keinesfalls in den Formalismus der Spieltheorie eingraben, wo diese Dinge im Detail diskutiert werden, möchten aber in einer etwas abstrakteren Weise die verschiedenen Zugänge kommentieren.

Es gibt zwei Konkurrenten $S_i, i = 1, 2$, die bestimmte Ziele erreichen wollen, aber jeder ist durch die Anwesenheit des anderen eingeschränkt. Die Marineoffiziere der feindlichen Streitkräfte haben das Ziel, der Entdeckung zu entgehen, um dann ihre Torpedos abzuschießen, auf der anderen Seite geht es darum, das U-Boot aufzuspüren und es an der Durchführung seines Auftrags zu hindern.

Die Größen $G_1(u, v)$ und $G_2(u, v)$ sollen nun den Gewinn auf beiden Seiten darstellen, dabei beschreiben $u$ und $v$ Strategien, die $S_1$ und $S_2$ zur Verfügung stehen. Im Fall des U-Boots waren die $G_i$ Maße für Flucht und Entdeckung, wie wir uns erinnern, und $u$ und $v$ beschreiben, wie sich Suchende und Gesuchte auf dem Ozean bewegen.

Ist $S_1$ wie im Fall des U-Boots pessimistisch, dann nimmt er an, daß $S_2$ ihn überlisten will, indem er eine Strategie $v$ wählt, die $G_1$ minimiert. Somit nimmt $S_1$ eine konservative Haltung ein und wählt $u$ so, daß es seinen minimalen Gewinn maximiert. Der gleichermaßen mißtrauische Mitstreiter verhält sich genauso. Sind also $u_0$ und $v_0$ optimale Strategien für jede Seite, dann bedeutet dies

$$
\begin{aligned}
G_1(u_0, v_0) &\leq G_1(u_0, v) \\
G_2(u_0, v_0) &\leq G_2(u, v_0) \, .
\end{aligned}
\tag{6.22}
$$

Die erste Ungleichung drückt die Idee aus, daß der Gewinn von $S_1$ nie kleiner als $G_1(u_0, v_0)$ sein kann, unabhängig davon, welches $v$ von $S_2$ ausgewählt wurde, solange nur $S_1$ die Strategie $u_0$ wählt. Die zweite Gleichung hat eine ähnliche Interpretation. Dies nennt man *Maxmin-Gleichgewicht*; es trat auch schon in Abschnitt 6.3 auf.

Was hier natürlich außer acht gelassen wurde, ist die Frage, ob überhaupt am Anfang optimale Strategien existieren, eine mathematische Fragestellung, die in das Gebiet der Spieltheorie gehört.

Ein anderer Zugang zum Wettbewerb wird bei den zwei Besitzern der Fischerei eingenommen, wo beide Seiten solche Strategien auswählen, daß jedes einseitige Umschwenken z. B. auf Seiten von $S_1$ auf ein anderes $u$ den Gewinn $G_1$ höchstens verringern kann, solange sich nur $S_2$ an $v_0$ hält. Dies läßt sich als ein Paar von Ungleichungen ausdrücken:

$$G_1(u_0, v_0) \geq G_1(u, v_0)$$
$$G_2(u_0, v_0) \geq G_2(u_0, v) \tag{6.23}$$

dies nennt man *kompetitives Gleichgewicht*.

Ein Vergleich dieser Zugänge zeigt, daß maximales und kompetitives Gleichgewicht nicht gleich sein müssen, da das eine auf Pessimismus und das andere auf Habgier begründet ist. Es gibt dennoch eine Situation, in der beide Zugänge gleich sind. Angenommen, $G_1(u, v) = -G_2(u, v)$, daß also der Gewinn des einen Spielers der Verlust des anderen ist, was z. B. der Fäll wäre, wenn im U-Boot-Problem der Parameter $r$ zu Null gesetzt worden wäre. Dann führen Gleichungen (6.22) und (6.23) auf dasselbe Paar von Strategien (Übung 6.6.1).

Obwohl es in den in diesem Kapitel diskutierten Modellen keine Rolle spielt, gibt es noch eine andere Form des Gleichgewichts, bei denen zwei Spieler sich gegenseitig so lange helfen, bis es ihnen zum Nachteil gereichen würde. Auf diese Weise ist es erreichbar, daß der optimale Gewinn für jeden größer ist, als wenn sie ein nicht-kooperatives Gleichgewicht anstreben würden. Ein *kooperatives Gleichgewicht* kann definiert werden als ein Paar $u_0$, $v_0$, für das es keine anderen $u$, $v$ gibt, für die

$$G_1(u_0, v_0) \leq G_1(u, v)$$
$$G_2(u_0, v_0) \leq G_2(u, v)$$

gilt, wobei mindestens eine Ungleichung streng gelten soll. Das bedeutet, daß eine Abkehr von einem optimalen Paar von Strategien nur höchstens einem der beiden Spieler schaden kann.

## 6.5 Übungen

**6.6.1** Benutze die Ungleichungen (6.22) und (6.23) und zeige damit, daß sie zur selben optimalen Strategie führen für den Fall $G_1(u,v) + G_2(u,v) = 0$, der sogenannten *Nullsummen-Situation*.

**6.6.2** Beweise Gleichung (6.10).

**6.6.3** Beim Aufstellen einer optimalen Strategie für die beiden Marine-gegner in Abschnitt 6.3 unterschieden wir zwischen *kleinen* und *großen* Werten von $r$. Zeige, daß der Umbruch zwischen klein und groß ge-schieht am kritischen Wert

$$ r = \left[ \int\limits_G \frac{b(x)}{a(x)} \, \mathrm{d}x \right]^{-1} . $$

**6.6.4** Ein U-Boot möchte einen Kanal der Länge $L$ unentdeckt von ei-nem Flugzeug passieren, das hin und her über dem Kanal patrouilliert. Dies nennt man eine Blockade-Patrouille, da der Weg des Flugzeugs senkrecht auf dem des U-Bootes steht. Das U-Boot kann nicht entdeckt werden, wenn es untergetaucht ist, aber es kann nur über eine maximale Distanz von $d < L$ unter Wasser bleiben. Der Kanal ist verschieden breit, und wenn das Flugzeug den breitesten Teil absucht, dann kann es dies nicht so gründlich tun als wenn es die schmäleren Bereiche ab-sucht. Trotzdem verändert das Flugzeug täglich die Position der Suche auf zufällige Weise, um dem U-Boot-Kommandanten die Chance zu nehmen, die Stelle der Patrouille vorauszusehen und einfach darunter durchzutauchen und so einer Entdeckung zu entgehen. Die Wahrschein-lichkeitsdichte der Position, wo die Suche stattfindet, ist $g(x)$. Das Inte-gral von $g$ über die Länge des Kanals ist Eins.

Die Situation ist in Bild 6.8 dargestellt. Wenn die Patrouille an der Position $x$ ist und das Boot versucht, an der Oberfläche vorbeizukommen, dann ist die bedingte Wahrscheinlichkeit einer Entdeckung $p(x)$, wobei $p$ kleiner ist an Stellen, an denen der Kanal breiter ist und größer, dort wo er schmäler ist.

Die Wahrscheinlichkeit, daß das U-Boot an der Stelle $x$ untergetaucht ist, sei $h(x)$. Eine kurze Überlegung führt zur Einsicht, daß das Inte-gral von $h$ über die Länge des Kanals gleich $d$ ist. Wir lassen zu, daß

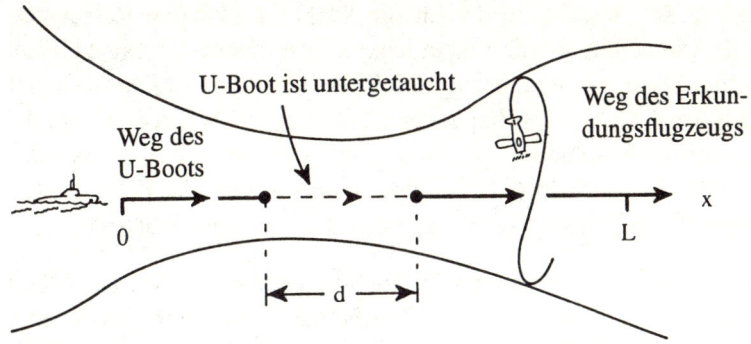

**Bild 6.8** Eine Blockade-Patrouille in einem Kanal der Länge $L$ mit veränderlicher Breite

das U-Boot für eine Strecke untergetaucht ist, die kleiner als $d$ ist und dann an anderer Stelle noch einmal untertaucht, vorausgesetzt, daß die Gesamtlänge sich maximal zu $d$ aufsummiert. Der Pilot des Flugzeugs möchte die Funktion $g$ so wählen, daß die Entdeckungswahrscheinlichkeit maximal wird, egal was das U-Boot tut (eine Maxmin-Strategie). Der U-Boot-Kommandant möchte die Wahrscheinlichkeit, nicht entdeckt zu werden, durch Wahl der Funktion $h$ maximieren, egal was das Flugzeug tut. Dies ist wieder eine Maxmin-Strategie. Man formuliere das Problem mathematisch und versuche eine Lösung.

**6.6.5** Man beweise Regel (6.21) unter der Voraussetzung, daß die Gleichungen (6.20) gelten und zeige dann, daß $J_2(E_1^{\#}, E_2)$ durch (6.21) maximiert wird.

**6.6.6** Eine Version des Modells in Abschnitt 6.3 kann als ein Optimierungsproblem formuliert werden, das an jene aus Kapitel 2 und 3 erinnert. Angenommen, das Gebiet $G$ des Ozeans ist in $N$ Untermengen aufgeteilt, und die Wahrscheinlichkeit dafür, daß das U-Boot sich in der $i$-ten Untermenge befindet, ist eine feste Zahl $p_i$, $i = 1, 2, \ldots, N$, wobei sich die $p_i$ zu Eins aufsummieren. Ein gewisser Suchaufwand $g_i$ wird dem Gebiet $i$ in Form von Kraftstoff, Flugzeugen, Zeit, oder einer anderen begrenzten Ressource zugeteilt. Die Summe der $g_i$ ist eine Konstante, die die Gesamtzahl der für die Suche verfügbaren Ressourcen darstellt. Die bedingte Wahrscheinlichkeit eines Sucherfolges im Gebiet $i$ unter der Voraussetzung, daß das Ziel sich tatsächlich in diesem Gebiet befindet, ist $1 - e^{-a_i g_i}$, wobei $a_i$ der Sichtfaktor im Gebiet $i$ ist (vgl. die Diskussion in Abschnitt 6.3). Das Ziel ist nun, die Entdeckungswahrscheinlichkeit innerhalb $G$ durch eine optimale Wahl der Einsatzmittel $g_i$ zu maximieren. Man formuliere dieses Problem mathematisch.

**6.6.7** Eine weitere Anwendung der Suchtheorie ergibt sich in der Arbeit der Polizei. Angenommen, ein Polizeifahrzeug ist einem Sektor oder *Revier* zugeordnet, in dem $c$ Straßenkilometer für die Streife zugänglich sind, und die durchschnittliche Geschwindigkeit ist $v$ Stundenkilometer. In der Zeit $t$ legt das Fahrzeug die Strecke $vt$ auf zufällige Weise zurück. Das bedeutet, daß die Bewegung im allgemeinen zickzackförmig durch die Straßen sein wird, um jede Vorhersagbarkeit auf Seiten der Kriminellen auszuschließen. Für genügend kleine $t$ ist es unwahrscheinlich, daß der Weg des Polizeifahrzeugs sich mit demjenigen überschneidet, den es gerade zurückgelegt hat. Die kleine Strecke $vt$ ist zufällig auf den $c$ Kilometern des Straßennetzes gelegen und ein Delikt wird ebenfalls als zufällig innerhalb derselben $c$ Kilometer gelegen angenommen (Diebstahl, Überfall usw.). Damit ist die Wahrscheinlichkeit dafür, daß sich zur Zeit $t$ der Weg der zufälligen Patrouille und der Tatort überdecken, gleich $vt/c$. Das ist die bedingte Wahrscheinlichkeit dafür, daß ein Verbrecher auf frischer Tat zur Zeit $t$ ertappt wird. Mit wachsender Zeit $t$ wird es immer wahrscheinlicher, daß der Streifenwagen einen Teil seines Weges erneut abfährt, womit der einfache Bruch keine genaue Beschreibung der Entdeckungswahrscheinlichkeit mehr ist. Dennoch kann man sich folgendes überlegen: Sei $P(t)$ die Wahrscheinlichkeit, nichts während $t$ zu entdecken. Vergrößere $t$ um ein kleines $\Delta t$. Zeitintervalle, die sich nicht überschneiden, sollen unabhängige Ereignisse ergeben, somit ist $P(t + \Delta t) = P(t)P(\Delta t)$. Nun ist aber $P(\Delta t) = 1 - (v\Delta t/c)$ und mit $\Delta t \to 0$ erfüllt $P$ die Differentialgleichung $P' = -Pv/c$. Man beweise dies und führe ein, daß die bedingte Wahrscheinlichkeit, einen Verbrecher auf frischer Tat zu ertappen, zu jeder Zeit gleich $1 - e^{-vt/c}$ ist. Dies ist analog zum Gesetz des verminderten Gewinns, das wir bei der U-Boot-Suche in Abschnitt 6.3 gefunden haben.

## 6.6 Weiterführende Literatur

Obwohl die Modelle in diesem Kapitel nur blasse Erfindungen und weniger überzeugend sind als diejenigen, die wir in den vorangegangenen Kapiteln betrachtet haben, spiegeln sie dennoch reale Probleme wider. Das Versteckspiel beispielsweise wurde viele Male während des 2. Weltkrieges gespielt, und die Annalen des Militärs enthalten Geschichten, die an das, was wir hier betrachtet haben, erinnern (vgl. z. B. das Buch von Waddington [37]). Mit dem Problem der Fischerei mit beschränktem Zugang sind schon mehrere Nationen konfrontiert gewesen.

Unsere Diskussion über die Fischerei mit beschränktem Zugang basiert auf dem Artikel von Clark [38], während das Suchproblem aus [39] übernommen wurde. Die Spieltheorie hat eine breitere Anwendung als nur die U-Boot-Jagd und wurde auf Polizeistreifen ([40] und Übung 6.67) sowie eine Vielzahl von Suchaufgaben der Marine und der Küstenwache angewandt.

# Anhang A
# Bedingte Wahrscheinlichkeit und bedingte Erwartungswerte

Wir stellen hier einige Aussagen aus der Wahrscheinlichkeitstheorie zusammen, die in Kapitel 3 benötigt werden. Für weitere Details vergleiche das Buch *Einführung in die Wahrscheinlichkeitstheorie und Statistik* von U. Krengel [13].

Seien $A$ und $B$ Ereignisse in einem Ereignisraum $S$. Die *bedingte Wahrscheinlichkeit* von $A$ unter Voraussetzung von $B$, geschrieben $p(A|B)$ ist definiert durch

$$p(A|B)p(B) = p(AB) \,, \qquad (A.1)$$

wobei $AB$ das aus $A$ und $B$ kombinierte Ereignis ist. Wenn $p(A|B) = P(A)$ ist, dann bezeichnen wir $A$ und $B$ als unabhängig.

Seien beispielsweise $X$ und $Y$ diskrete Zufallsvariablen, welche die Werte $0, 1, \ldots$ annehmen. Wenn $A$ das Ereignis $X = k$ und $B$ das Ereignis $Y = i$ ist, dann wird die Wahrscheinlichkeit für das kombinierte Ereignis geschrieben als $p(X = k, Y = i)$ und Gleichung (A.1) wird dann zu

$$p(X = k|Y = i)p(Y = i) = p(X = k, Y = i) \,.$$

Seien $B_i$ Ereignisse mit Index $i = 0, 1, 2, \ldots$, deren Vereinigung gleich $S$ ist. Dann gilt

$$P(A) = \sum_{i=0}^{\infty} p(AB_i) \,. \qquad (A.2)$$

Mit Blick auf die Zufallsvariablen $X$ und $Y$ bedeutet dies

$$p(X = k) = \sum_{i=0}^{\infty} p(X = k, Y = i) \ .$$

Mit Hilfe von Gleichung (A.1) können wir (A.2) umschreiben zu

$$p(A) = \sum_{i=0}^{\infty} p(A|B_i)p(B_i) \ , \qquad \text{(A.3)}$$

womit für die Zufallsvariablen $X$ und $Y$ folgt:

$$p(X = k) = \sum_{i=0}^{\infty} p(X = k|Y = i)p(Y = i) \ .$$

Der *Erwartungswert* von $X$ (manchmal auch *Mittelwert* genannt) ist definiert durch

$$E(X) = \sum_{k=0}^{\infty} k \, p(X = k) \ .$$

Ist $h(X)$ eine Funktion von $X$, dann ist der Erwartungswert der Zufallsvariablen $h(X)$ gegeben durch

$$E(h(X)) = \sum_{k=0}^{\infty} h(k) \, p(X = k) \ . \qquad \text{(A.4)}$$

Beispielsweise ist für $h(X) = X^2$

$$E(X^2) = \sum_{k=0}^{\infty} k^2 \, p(X = k) \ .$$

Der *bedingte Erwartungswert* (*bedingter Mittelwert*) von $X$ unter der Voraussetzung, das $Y = i$ ist, ist definiert durch

$$E(X|Y = i) = \sum_{k=0}^{\infty} k \, p(X = k| = i) \ . \qquad \text{(A.5)}$$

Dies erlaubt uns, $E(X|Y)$ als Funktion von $Y$ zu definieren; wir nennen sie $h(Y)$. Ihr Wert ist für $Y = i$ gegeben durch Gleichung (A.5). Aus den Gleichungen (A.4) und (A.3) erhält man deshalb den unbedingten Erwartungswert für $X$ als

$$E(E(X|Y)) = \sum_{i=0}^{\infty} h(i)\, p(Y = i) = \sum_{i=0}^{\infty} E(X|Y = i)\, p(Y = i)$$

$$= \sum_{i=0}^{\infty} \sum_{k=0}^{\infty} k\, p(x = k|Y = i) p(y = i)$$

$$= \sum_{k=0}^{\infty} k \sum_{i=0}^{\infty} p(x = k, Y = i) = \sum_{k=0}^{\infty} k\, p(X = k)\,.$$

Daraus folgt

$$E(X) = E(E(X|Y))\,. \tag{A.6}$$

Wenn $X$ und $Y$ stetige Zufallsvariablen bezeichnen, die nichtnegative reelle Zahlen als Werte annehmen, dann wird die diskrete Menge von Ereignissen, die mit $0, 1, \ldots$ durchgezählt werden, ersetzt durch ein Kontinuum von Ereignissen. Sie besitzen die nichtnegativen reellen Zahlen $s$ als Index, und die Summe muß durch ein Integral ersetzt werden. Zusätzlich werden die diskreten Wahrscheinlichkeiten $p(X = k)$ jetzt durch eine kontinuierliche Dichtefunktion $f(s)$ repräsentiert. Sind beispielsweise $X$ und $Y$ exponentialverteilte Zufallsvariablen (siehe Abschnitt 3.2 für eine Definition), bei denen die Dichte für $Y$ gleich $f(s) = \mu\, e^{-\mu s}$ für $s \geq 0$ und $f(s) = 0$ für $s < 0$ ist. Wir betrachten das Ereignis „$X < Y$", was bedeutet, daß derjenige Wert, der von $X$ angenommen wird, kleiner ist als die Werte, die von $Y$ angenommen werden. Aus den Gleichungen (A.2) und (A.3) wird nun

$$p(X < Y) = \int_{0}^{\infty} p(X < Y, Y = s)\, \mathrm{d}s$$

$$p(X < Y) = \int_{0}^{\infty} p(X < Y|Y = s)\mu\, e^{-\mu s}\, \mathrm{d}s\,. \tag{A.7}$$

Schließlich gilt auch Gleichung (A.6) weiterhin und wird folgendermaßen ausgedrückt:

$$E(X) = E(E(X|Y)) = \int_{0}^{\infty} E(X|Y = s)\mu\, e^{-\mu s}\, \mathrm{d}s\,.$$

Ist zum Beispiel $Z$ eine Variable, die definiert ist durch $Z = 1$ für $X < Y$ und $Z = 0$ sonst. Dann ist

$$E(Z) \quad = \quad p(Z = 1) = p(X < Y)$$

und

$$E(Z|Y = s) \quad = \quad p(X < Y|Y = s)\,,$$

und aus Gleichung (A.6) folgt damit, daß Gleichung (A.7) stimmt.

# Anhang B
## Lineare Differentialgleichungen zweiter Ordnung

Im Text stoßen wir immer wieder auf Gleichungen der Form

$$x'' + ax' + bx = 0 \, , \qquad \text{(B.1)}$$

worin $a$ und $b$ reelle Konstanten sind. Mit Hilfe des Verfahrens aus Abschnitt 4.2 kann diese Gleichung zweiter Ordnung umgeschrieben werden als ein Paar von Gleichungen erster Ordnung, indem man $x_1 = x$ und $x_2 = x'$ setzt. In diesen neuen Variablen bekommen wir

$$
\begin{aligned}
x_1' &= x_2 \\
x_2' &= -bx_1 - ax_2 \, ,
\end{aligned}
\qquad \text{(B.2)}
$$

oder in Vektorschreibweise

$$
\begin{pmatrix} x_1' \\ x_2' \end{pmatrix} = \begin{pmatrix} 0 & 1 \\ -b & -a \end{pmatrix} \begin{pmatrix} x_1 \\ x_2 \end{pmatrix} \, . \qquad \text{(B.3)}
$$

Durch Einsetzen in Gleichung (B.1) weist man leicht nach, daß $e^{\lambda t}$ eine Lösung ist, wobei $\lambda$ die folgende quadratische Gleichung erfüllen muß:

$$\lambda^2 + a\lambda + b = 0 \, .$$

Die zwei Lösungen dieses quadratischen Polynoms, die wir der Einfachheit halber hier als verschieden ansehen wollen, sind gegeben durch

$$\lambda = -\tfrac{1}{2}a \pm \tfrac{1}{2}\sqrt{a^2 - 4b} \, . \qquad \text{(B.4)}$$

Diese Nullstellen sind bekanntermaßen die Eigenwerte der Matrix in Gleichung (B.3).

Schreibt man die verschiedenen Eigenwerte als $\lambda_1$ und $\lambda_2$, dann ist jetzt einfach nachzuweisen, daß jede Linearkombination von $e^{-\lambda_1 t}$ und $e^{-\lambda_2 t}$ wieder eine Lösung von Gleichung (B.1) ist:

$$x(t) = c_1 \, e^{-\lambda_1 t} + c_2 \, e^{-\lambda_2 t} \qquad \text{(B.5)}$$

für reelle Skalare $c_i$, $i = 1, 2$. Diese Skalare können so gewählt werden, daß spezielle Anfangswerte $x(0)$ und $x'(0)$ angenommen werden.

Betrachten wir als Beispiel die Gleichung $x'' - 4x = 0$ mit den Anfangswerten $x(0) = 4$ und $x'(0) = 2$. Man berechnet $\lambda_i$ leicht zu 2 und $-2$, und so wird aus Gleichung (B.5)

$$x(t) = c_1 \, e^{2t} + c_2 \, e^{-2t} \ .$$

Differenziert man dies, so erhält man

$$x'(t) = 2c_1 \, e^{2t} - 2c_2 \, e^{-2t} \ .$$

Für $t = 0$ erhalten wir $c_1 = 4$ und $2c_1 - 2c_2 = 8 - c_2 = 2$, womit sich ergibt:

$$x(t) = 4 \, e^{2t} + 3 \, e^{-2t} \ .$$

Wenn $a^2 - 4b$ negativ ist, dann sind die Eigenwerte komplexe Zahlen, wobei $\lambda_1$ konjugiert komplex zu $\lambda_2$ ist. Aus Bezeichnungsgründen schreiben wir $\lambda_1 = -a/2 + i(4b - a^2)^{1/2}$ in der Form $q + iw$. Mit der Formel von de Moivre sehen wir, daß $e^{(q+iw)t} = e^{qt} \, e^{iwt} = e^{qt}(\cos wt + i \sin wt)$. Man rechnet leicht nach, daß sowohl Real- als auch Imaginärteil für sich allein genommen Lösungen von Gleichung (B.1) sind und damit auch jede Linearkombination dieser Teile. Sind also die Nullstellen komplex, dann erhalten wir

$$x(t) = e^{qt}(c_1 \cos wt + c_2 \sin wt) \ . \qquad \text{(B.6)}$$

Als Beispiel für Gleichung (B.6) betrachten wir die Gleichung $x'' + 4x' + 13x = 0$ mit den Anfangsbedingungen $x(0) = 2$ und $x'(0) = 0$. Die Eigenwerte sind in diesem Fall $-2 + 3i$ und $-2 - 3i$. Aus Gleichung (B.6) erhalten wir

$$x(t) = e^{-2t}(c_1 \cos 3t + c_2 \sin 3t) \ ,$$

und die Ableitung ergibt

$$x'(t) = 3\,\mathrm{e}^{-2t}(-c_1\sin 3t + c_2\cos 3t)\,.$$

Für $t = 0$ findet man $c_1 = 2$ und $3c_2 = 0$, so daß sich als Lösung ergibt:

$$x(t) = 2\,\mathrm{e}^{-2t}\cos 3t\,.$$

Für mehr Details über Gleichungen zweiter Ordnung siehe Kapitel 6 im Buch *Differential Equations* von Redheffer [25].

# Anhang C
# Vektorfunktionen

In diesem Anhang stellen wir einige Tatsachen über glatte, vektorwertige Funktionen $u(t)$ einer Variablen $t$ zusammen, wobei $u$ gegeben ist durch

$$u(t) = \begin{pmatrix} u_1(t) \\ \vdots \\ u_n(t) \end{pmatrix} .$$

Die skalarwertigen Funktionen haben stetige Ableitungen in $t$. Die Ableitung von $u$ wird bezeichnet mit

$$u'(t) = \begin{pmatrix} u'_1(t) \\ \vdots \\ u'_n(t) \end{pmatrix} .$$

Hat man zwei solche Funktionen $u$ und $v$ gegeben, dann ist für alle $t$ ihr inneres Produkt (Skalarprodukt) gegeben durch die skalare Funktion

$$u \cdot v = \sum_{i=1}^{n} u_i(t) v_i(t) .$$

Insbesondere ist die Länge des Vektors $\|u(t)\| = \sqrt{u(t) \cdot u(t)}$. Verschwindet das innere Produkt zweier Vektoren, dann sagen wir, daß sie orthogonal sind.

Im Spezialfall zweier zweidimensionaler Vektoren in der Ebene wird in allen Büchern zur Vektorrechnung gezeigt, daß der Kosinus des Winkels $\Theta$ zwischen beiden mit Hilfe des inneren Produktes ausgedrückt werden kann durch $\cos \Theta = u \cdot v / (\|u\| \|v\|)$. Der Kosinus ist Null, wenn $u$ und $v$ orthogonal sind, wenn nämlich $u$ senkrecht auf $v$ steht. Ist die Länge von $v$ gleich Eins, dann ist die Komponente von $u$ in Richtung $v$ gerade $u \cdot v$ (Bild C.1).

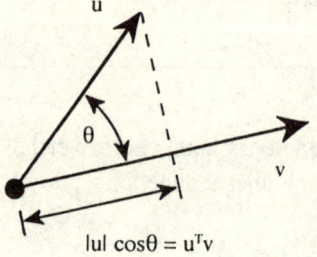

**Bild C.1**
Die Komponente von $u$ in Richtung $v$ ist die Projektion von $u$ auf $v$.

Wir wollen nun noch einige Beispiele für Vektorfunktionen in der Ebene betrachten. Ist $C$ eine glatte Kurve, dann ist sie in ihren Koordinaten $x$ und $y$ parametrisiert durch den Ortsvektor $r(t) = (x(t), y(t))$, worin $t$ ein reeller Parameter ist. Wenn $t$ variiert wird, durchläuft $r(t)$ die Kurve in Richtung von steigendem $t$. Ein Beispiel ist der Einheitskreis, der durch $r(t) = (\cos \Theta t, \sin \Theta t)$ parametrisiert ist; er wird im Gegenuhrzeigersinn durchlaufen.

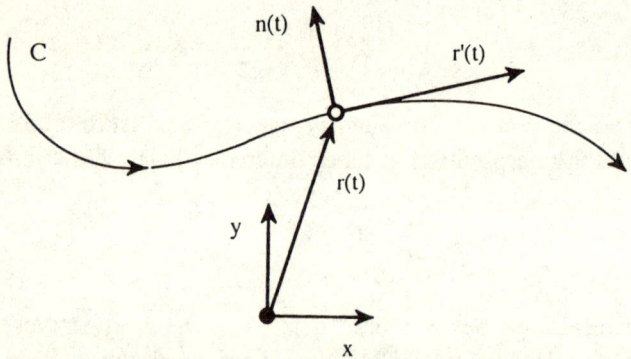

**Bild C.2**  Eine Kurve $C$ in der Ebene mit Ortsvektor $r$, Tangentialvektor $r'$ und einer Normalen $n$

In Büchern zur Differentialrechnung wird gezeigt, daß die Ableitung $r'(t) = (x'(t), y'(t))$ im Punkt $r(t)$ tangential an die Kurve liegt. Ist $n$ ein Vektor, der für jedes $t$ senkrecht steht auf $r'$, dann sagen wir, daß $n$

Normalenvektor zu $C$ in diesem Punkt ist (Bild C.2). Zeigt die Normale nach innen, heißt sie *innere Normale*, sonst *äußere Normale*.

Als anderes Beispiel betrachten wir ein System von Differentialgleichungen erster Ordnung $p' = f(p)$, wobei $p(t)$ eine glatte Vektorfunktion ist mit den Komponenten $p_i(t)$. Der Vektor $p'$ zeigt für alle $t$ in Flußrichtung der Lösungstrajektorie $p$. Schneidet die Lösung eine Kurve, die wie oben parametrisiert gegeben ist, dann zeigt sie am Schnittpunkt ins Innere von $C$, wenn der Kosinus des Winkels mit der inneren Normalen positiv ist.

# Literaturverzeichnis

[1] White, H. C. *Chains of Opportunity: System Model of Mobility in Organizations*. Harvard Press, 1970.

[2] Chase, I. "Vacancy Chains", Annual Review of Sociology **17**(1991), 133-154.

[3] Weissburg, M., Roseman, L., and I. Chase "Chains of Opportunity: A Markov Model for the Acquisition of Reusable Resources". Evolutionary Biology **5**(1991), 105-117.

[4] Maltz, M. *Recidivism*. Academic Press, 1984.

[5] Blumstein, A., and R. Larson "Problems in Modeling and Measuring Recidivism". Journal of Research in Crime & Delinquency 1971, 124-132.

[6] Kemeny, J., and L. Snell *Finite Markov Chains*. Van Nostrand, 1960.

[7] Kemeny, J., and L. Snell *Mathematical Models in the Social Sciences*. Ginn, 1961.

[8] Mechling, J. "A Successful Innovation: Manpower Scheduling", J. of Urban Analysis, 1974, 259-313.

[9] Bodin, L. "Towards a General Model for Manpower Scheduling", Teile 1 und 2, J. of Urban Analysis, 1973, 191-208 und 223-246.

[10] Balinski, M. und P. Young *Fair Representation*, Yale University Press, 1982.

[11] Beltrami, E. und L. Bodin "Networks and Vehicle Routing for Municipial Waste Collection", Networks **4** (1974), 65-94.

[12] Tucker, A. "Perfect Graphs and Application to Optimizing Municipial Services", SIAM Rev. **15** (1973), 585-590

[13] Krengel, U. *Einführung in die Wahrscheinlichkeitstheorie und Statistik*. Vieweg 1991.

[14] Kolesar, P. und E. Blum "Square Root Laws for Fire Engine Response Distances", *Management Science* **19**, 1973, 1368-1378.

[15] Walker, W., J. Chaiken, und E. Ignall (eds.) *Fire Department Deployment Analysis*, Elsevier, 1991.

[16] Carter, G., J. Chaiken und E. Ignall "Response Areas for two Emergency Units", *Operations Research* **20**, 1972, 571-594.

[17] Kolesar, P. und W. Walker "An Algorithm for the Dynamic Relocation of Fire Companies", *Operation Research* **22**, 1974, 249-274

[18] Frauenthal, J. *Smallpox*. Birkhäuser, 1981.

[19] Clark, C. *Mathematical Bioeconomics*. John Wiley, 1976.

[20] Bailey, N. *The Mathematical Theory of Infectious Diseases*. Charles Griffin, 1975.

[21] Aumann, R., und M. Maschler "Game Theoretic Analysis of a Bankruptcy Problem in the Talmud", *Journal of Economic Theory* **36**, 1985, 195-213.

[22] Braun, M., C. Coleman und D. Drew (eds.) *Differential Equation Models*. Springer-Verlag 1983.

[23] Arrow, K. und L. Hurwicz "On the Stability of the Competitive Equilibrium I and II", *Econometrica* **26**, 1958, 522-552 und *Econometrica* **27**, 1959, 82-109.

[24] Tuchinsky, P. *Man in Competition with the Spruce Budworm*. Birkhäuser, 1981.

[25] Redheffer, R. *Differential Equations*. Jones and Bartlett, 1991.

[26] Olsen. L. F. und W. M. Schaeffer "Chaos Versus Noisy Periodicity: Alternative Hypothesis for Childhood Epidemics", *Science* **249**, 1990, 499-504.

[27] Pool, R. "Is it Chaos or is it Just Noise?", *Science* **243**, 1989, 25-28.

[28] Crutchfield, J., J. Farmer, N. Packard und R. Shaw "Chaos", *Scientific American* 12/1986.

[29] Hardin, G. "The Tragedy of the Commons", *Science* **162**, 1968, 1243-1248.

[30] Ermentrout, B. *Phaseplane, Version 3.0*. Brooks/Cole, 1990.

[31] Kocak, H. *Differential and Differnce Equations Through Computer Experiments, Second Edition.* Springer-Verlag, 1989.

[32] Slobodkin, L. und H. Kierstead "The Size of Water Masses Containing Plankton Blooms", *J. of Marine Research* **12**, 1953, 141-147.

[33] Okubo, A., P. K. Maini, M. H. Williamson und J. D. Murray "On the Spatial Spread of the Grey Squirrel in Britain", *Proc. Royal Soc. London* **B238**, 1989, 113-125.

[34] Okubo, A. *Diffusion and Ecological Problems.* Springer-Verlag, 1980.

[35] Murray, J. D. *Mathematical Biology.* Springer-Verlag, 1989.

[36] Weyl, P. "Pollution Susceptibility: An Environmental Parameter for Coastal Zone Management", *Coastal Zone Management Journal* **2**, 1976, 327-343.

[37] Waddington, C. H. *OR in World War II: Operations Research Against the U-boat.* Elek, London, 1973.

[38] Clark, C. "Restricted Access to Common-Property Fishery Resources: A Game-Theoretic Analysis", *Dynamic Optimization and Mathematical Economics.* Plenum, 1980, 117-132.

[39] Koopman, B. O. *Search and Screening.* Pergamon, 1980.

[40] Chelst, K. "The Basis of Search Theory Applied to Police Patrols", in R. Larson (ed.) *Police Deployment.* D. C. Heath, 1978, 161-182.

# Sachwortverzeichnis

Abkühlungsgestz, Newtonsches 131
Adams, John Quincy 29, 42
Algenblüte 122, 125ff
Arbeitsplan, rotierender 30ff, 52
asymptotisch stabil 88, 90, 107, 120
Attraktor 88, 107, 116, 122, 123, 150
—, Einzugsbereich eines 88, 111

Bedienungshäufigkeit 47ff
Besselfunktion 141
Bezirke, politische 29, 44
Bifurkationspunkt 107f, 109
Blockade-Patrouille 180f

Diffusion 128, 129, 134f, 140ff, 143, 148
—, Ficksches Gesetz der 131, 138
— -skoeffizient, 130, 134ff, 149, 157
Diskontfaktor
Dynamik, chaotische 86 116, 125

Eindeutigkeit 87, 96, 117, 154
Einsatz
— -nachbarschaft 74, 79
— -probleme 56ff
— -zeit 57, 65, 66, 72, 80
Epidemien, Masern- 85 112ff, 123
Erholungstage 31ff

Fischerei mit offenem Zugang 171f

Ganzzahloptimierung 33, 38, 44f, 51, 54, 72f, 79
Gedächtnislosigkeit 61
Gesetz von Walras 100
Gezeiten 145
Gleichgewicht 86ff, 96f, 106, 110, 121, 137, 143, 146, 171
—, kompetitives 179
—, kooperatives 179
—, Maxmin- 178
—, nicht-kooperatives 179
Gleichung
—, Fishersche 153
—, logistische 94
—, Streeter-Phelps- 161
Graphen 47ff
Guerilliakrieg 122

Hamilton, Alexander 29, 40
Hysterese 110, 111, 122

Inkremente
—, unabhängige 58
—, stationäre 59

Jefferson, Thomas 29, 41

Katastrophentheorie 110
Konvektionsgleichung 132f, 144, 147
Kontaktrate 112

Krankheit, ansteckende 112

Leerstellenkette 2, 12f, 24
Lernmodell 22
Linearisierung 92, 94
Ljapunov-Funktion 101

Markoffkette 4, 7, 19ff, 129, 157
—, absorbierende 4, 7ff, 13ff, 22ff
Markt
— -dynamik 124
— -gesetze 123
Massenerhaltung 131f, 139
Maximalgewinn 108
Metrik
—, Euklidische 66, 77f, 81, 99
—, rechtwinklige 66f, 78, 81
Mobilität, soziale 3, 12, 16, 23f
Modell
—, epidemisches 80, 85, 112ff, 124, 159
—, Fischerei- 124, 171ff
—, Gleichgewichts- 145f
—, Katastrophen- 103ff, 124
—, Markt- 86, 99
—, Wettbewerbs- 86, 91ff, 124

Nulllinien 95ff, 110, 114, 121, 150

Poissonprozeß 58
—, Rate eines 59
—, räumlicher 64

Rückfällige 17, 21, 23
Rote Tide 133ff, 161

Schadstoffausbreitung 142ff, 146, 161
Schwelleffekt 105, 114

Separatrix 97
Servicezeit 62, 68, 77, 80
Sitzaufteilung 29f, 41, 55
Spieltheorie 178
Streckenplan 45ff
—, einteilbarer 46
Suchtheorie 181f
System, dynamisches 87

Trajektorie 87, 92, 101
—, zyklische

Übergangsmatrix 4, 7, 14, 19, 23ff

Variable, langsame 105
Verlegung von Einheiten 75f, 78, 81
verminderten Gewinns, Gesetz des 168, 181
Verteilung
—, von Abgeordnetensitzen 29, 39ff, 52
—, Exponential- 60, 77
—, geometrische 8, 21, 80

Wachstum logistisches 102, 111, 121
— -sprozeß, allgemeiner 91ff
Wanderwellen 151ff
Wärmegleichung 130
Webster, Daniel 42, 52
Wurzelgesetz, inverses 65ff, 82

Zahl, chromatische 48
Zufallsbewegung 4, 23, 129f, 132
Zustand
—, absorbierender 7
—, transienter 8
Zustände, kommunizierende 7

# Der das Unendliche kannte

Das Leben des genialen Mathematikers Srinivasa Ramanujan

von Robert Kanigel

Aus dem Amerikanischen übersetzt von Albrecht Beutelspacher.

*1993. VIII, 331 Seiten. Gebunden.*
*ISBN 3-528-06509-5*

Das Leben Ramanujans, des vielleicht größten mathematischen Genies unseres Jahrhunderts, liest sich wie ein spannender, facettenreicher Roman. 1887 als Sohn einer Brahmanenfamilie geboren, war es Ramanujan nicht gelungen, ein Universitätsexamen abzulegen, und bis zum Jahr 1913 waren seine Zukunftsperspektiven düster. Dann bat er in einem Brief den einflußreichsten westlichen Mathematiker, G. H. Hardy in Cambridge, um Hilfe. Hardy erkannte das unvergleichliche Genie Ramanujans und holte ihn in das damalige Mekka der Mathematik – nach Cambridge. Dort blieb Ramanujan während des Ersten Weltkriegs und veröffentlichte zahlreiche außerordentlich tiefe mathematische Erkenntnisse. Als er nach Indien zurückkehrte, war er schon krank und starb bald darauf.

In dem hier vorgelegten einfühlsamen Bericht, der sich an ein breites Publikum mit kulturhistorischem Interesse wendet, wird die Zeit der ersten Jahrzehnte unseres Jahrhunderts im subtropischen Indien und im feuchtkalten Cambridge lebendig. Dem Autor gelingt dabei das Kunststück, einen Eindruck von der mathematischen Leistung Ramanujans zu vermitteln, ohne beim Leser mathematische Kenntnisse vorauszusetzen.

Verlag Vieweg · Postfach 58 29 · D-65048 Wiesbaden

vieweg

# MATHE!

Begegnungen eines Wissenschaftlers mit Schülern

von Serge Lang

Aus dem Französischen übersetzt von Gerta Rücker.

*1991. VII, 134 Seiten. Kartoniert.*
*ISBN 3-528-08942-3*

Dieses Buch enthält eine Sammlung von Unterrichtsstunden, die der bekannte Mathematiker Serge Lang mit Schülern aus den Klassen 8 bis 10 hielt. Serge Lang behandelt die Schüler als seinesgleichen und zeigt ihnen mit dem ihm eigenen lebendigen Stil etwas vom Wesen des mathematischen Denkens. Die Begegnungen zwischen Lang und den Schülern sind nach Bandaufnahmen aufgezeichnet worden und daher authentisch und lebendig. „MATHE!" stellt einen frischen und neuartigen Ansatz für Lehren, Lernen und Genuß von Mathematik vor.

Verlag Vieweg · Postfach 58 29 · D-65048 Wiesbaden